과학과 종교

첫단추 시리즈
013

과학과 종교

토머스 딕슨 지음
김명주 옮김

교유서가

에마 딕슨에게

일러두기

본문 중의 〔 〕는 모두 옮긴이 주(註)이다.

차례

머리말

과학과 종교에 대한 책은 일반적으로 두 범주 중 하나에 속한다. 하나는 종교의 타당성을 납득시키고 싶어하는 책들이고, 다른 하나는 그 반대를 납득시키고 싶어하는 책들이다. 이 책은 어느 범주에도 속하지 않는다. 이 책의 목적은 실제로 쟁점이 되고 있는 것이 무엇인지에 대해 유익하면서도 균형 있는 이야기를 제공하는 것이다. 이 주제가 흔히 유발하는 뜨거운 논쟁 자체가, 신앙의 유무와 관계없이 사람들이 자연과 신에 대한 믿음을 자기 자신과 얼마나 동일시하는지를 보여주는 증거다. 이러한 믿음의 기원과 기능이 이 책의 주제를 이룬다.

최근에 '과학과 종교'라는 주제는 진화에 대한 논쟁과 거의 동의어가 되었고, 미국에서 이런 경향이 특히 심하다. 이 책의 여섯 장(章) 가운데 두 장을 진화론과 관련된 주제들에 할애한 것은 이런 이유에서다. 현대 미국에서 벌어지고 있는 진화와 '지적설계'에 대한 논쟁은 과학과 종교의 갈등과 화합에 대한 이야기들이 정치 캠페인에서—교육에 대한 통제와 미국 헌법 수정조항 제1조의 해석과 관련하여—어떻게 이용될 수 있는지를 특히 잘 보여준다.

갈릴레오 갈릴레이와 찰스 다윈 같은 유명인들에 대한 역사적 관념, 기적과 자연법칙과 과학 지식에 대한 철학적 가정들, 양자역학에서부터 신경과학에 이르는 현대과학이 종교와 도덕에 어떤 영향을 미치는지에 대한 논의는 오늘날 과학 대 종교 논쟁에서 항상 등장하는 주제들이다. 이 모든 주제가 이 책의 검토 대상이다.

이 책에서 내가 추구하는 목표는 과학과 종교에 대해 서로 의견을 달리하는 것을 그만두라고 설득하는 것이 아니다. 내 목표는 그것과는 거리가 멀다. 사람들이 서로 의견을 달리하더라도 잘 알고 그렇게 하도록 도울 수 있다면 그것으로 족하다.

제 I 장

과학과 종교의 논쟁에서 실제로 쟁점이 되는 것은 무엇인가

1633년 6월 22일, 로마의 가톨릭 종교재판에서 한 늙은 남자가 "하느님과 성서에 반하는 그릇된 교의를 지지하고 믿은 중대한 이단 혐의"에 대해 유죄판결을 받았다. 문제의 교의는 "태양은 세계의 중심이라서 동쪽에서 서쪽으로 움직이지 않고, 지구는 움직이고 있어서 세계의 중심이 아니며, 비록 성서에 반한다고 선언되고 정의된 견해라 해도 그것을 가능한 것으로서 지지하고 변호할 수 있다"는 것이었다. 이 죄인은 일흔이 된 피렌체의 철학자 갈릴레오 갈릴레이였다. 그는 금고형(나중에 가택연금으로 감형되었다)을 선고받았고, "건전한 속죄"의 의미로 향후 3년 동안 일주일에 한 번씩 참회의 일곱 시편을 암송하라는 지시를 받았다. 그중 『시편』 102편의 신에게 하는 기도에 특히 적절한 구절이 있었다. "그 옛날부터 든든히 다지신 이 땅이, 손수 만드신 저 하늘들이……" 갈릴레이는 "종교재판소장인 추기경들 앞에 무릎을 꿇고" 자신에게 선고된 형을 받아들였고, "거룩하고 보편적이며 사도로부터 이어오는 교회"에 대한 완전한 복종을 맹세했으며, 자신이 저지른 "실수와 이단 행위"—태양 중심적인 우주와 움직이는 지구를 믿은 것—를 저주하고 혐오한다고 선언했다.

당대의 가장 유명한 과학사상가가 성서와 모순되는 천문학을 믿었다는 이유로 가톨릭 종교재판에서 이러한 수모를 당한 일을 누군가가 과학과 종교의 불가피한 갈등관계를 보여주는 증거로 해석한 것은 별로 놀라운 일이 아니다. 현대의 진화론자들과 창조론자들도 서로에 대해 계속해서 적대감을 드러내는 것으로 보이지만 이번에는 교회가 아니라 과학이 우세하다. 빅토리아 시대의 불가지론자 토머스 헉슬리는 찰스 다윈의 『종의 기원』(1859)에 대한 서평에서 이러한 생각을 생생하게 표현했다. "헤라클레스의 요람 옆에 누워 있는 목 졸린 뱀들처럼, 숨통이 끊어진 신학자들이 모든 과학의 요람 옆에 누워 있다. 그리고 역사는 과학과 종교적 정설이 대립할 때마다 후자가, 파멸하지는 않더라도 피 흘리며 으스러진 채로, 죽지는 않더라도 칼에 베인 채로 목록에서 빠져야 했다고 기록한다." 이러한 갈등 이미지는 신자들에게도 매력적이었다. 그들은 스스로를, 과학과 물질주의의 억압적이고 편협한 세력들에 맞서 자신들의 믿음을 보호하기 위해 영웅적으로 싸우는, 궁지에 몰렸으나 의로운 소수로 묘사했다.

과학과 종교의 전쟁 모델은 널리 퍼져 있고 인기가 있지만, 이 주제에 대한 최근의 학술적인 글들은 주로 불가피한 갈등이라는 관념을 무너뜨리는 데 힘을 쏟아왔다. 곧 살펴보겠지만, 단순한 갈등 스토리를 거부할 만한 타당한 역사적 이유들이 존재한다. 17세기 로마에서 있었던 갈릴레이의 재판에서부터 '지적설계'라는 최신형의 반(反)진화론을 상대로 현대 미국인들이 벌이는 투쟁에 이르기까지, 과학과 종교의 관계에는 보이는 것보다 많은 것이 존재하며, 분명 갈등관계로만 볼 수 없는 측면이 있다. 아이작 뉴턴과 로버트 보일 같은 초창기 근대과학의 선구자들은 자신의 연구를 신의 창조를 이해하기 위한 종교적 사업의 일환으로 보았다. 갈릴레이 역시 과학과 종교는 서로 조화를 이루며 공존할 수 있다고 생각했다. 현대 세계의 많은 유대교도, 기독교도, 이슬람교도가 과학과 종교의 건설적이고 협력적인 대화를 지지해왔다. 종교를 가진 과학자들도 과학적 견해와 종교적 견해의 갈등이 불가피하다는 생각을 대체로 반박한다. 그들은 자신들의 연구를 믿음에 대한 도전이라기보다는 보완으로 생각한다. 대표적인 예가 이론물리학자 존 폴킹혼(John Polkinghorne), 인간게놈프로젝트를 이끌었던 프랜시스 S. 콜린스(Francis S. Collins), 그리고 천문학자 오언 깅거리치(Owen Gingerich)다.

그러면 과학과 종교에 대한 이야기에서 갈등을 완전히 삭제해야 할까? 당연히 그렇지 않다. 과학과 종교 사이에서 발견할 수 있는 갈등의 종류를 지나치게 한정하지만 않으면 된다. 용감하고 공정한 과학자가 반동적이고 편협한 교회와 충돌하는 이야기만 있는 것은 아니다. 편협함도 공정함도 어느 편에나 있는 것이다. 앎에 대한 추구, 진리에 대한 사랑, 수사의 사용, 국가권력과의 낯뜨거운 동거도 마찬가지다. 개인들, 개념들, 제도들은 무수한 방식으로 각기 다른 짝을 이루어 갈등을 겪거나 화합할 수 있으며 실제로도 그랬다.

과학과 종교의 관계를 연구하는 뛰어난 과학사가인 존 헤들리 브룩(John Hedley Brooke)은, 진지한 역사 연구는 "과학과 종교의 관계가 일반론이 유지되기 어려울 정도로 풍성하고 복잡하다는 사실을 밝혀왔다. 실제 관계는 알고 보니 복잡했다"고 쓰고 있다. 역사적 복잡성에 대해서는 이어지는 장들에서 살펴볼 것이다. '과학'과 '종교'라고 불리는 두 실체 사이의 유일하고 불변하는 관계란 분명 존재하지 않았다. 그럼에도 불구하고 이러한 논의에서 자주 거론되는 핵심적인 철학적·정치적 질문들이 몇 가지 존재한다. 가장 권위 있는 지식의 원천은 무엇인가? 가장 근본적인 실재는 무엇인가? 인간은 어떤 종류의 생물인가? 교회와 국가 사이의 바람직한 관계는 무엇인가? 누가 교육을 통제해야 하는가? 성서와 자연 가운데 어느 것이 믿을 만한 윤리적 길잡이가 될 수 있는가?

과학과 종교에 대한 논쟁들에서 쟁점이 되는 것은 표면상으로는, 특정한 종교적 믿음과 과학 지식의 특정한 측면이 지적으로 양립할 수 있는가 그렇지 않은가이다. 내세에 대한 믿음은 현대 뇌과학의 연구 결과들과 충돌하는가? 성서에 대한 믿음은 인간과 침팬지가 공통조상에서 진화했다는 믿음과 양립할 수 없는가? 기적에 대한 믿음은 물리학이 밝혀낸 엄밀하게 법칙의 지배를 받는 세계와 충돌하는가? 아니면 반대로, 자유의지와 신의 행동에 대한 믿음이 양자역학의 이론들에 의해 뒷받침되고 입증될 수 있는가? 이 장의 제목—과학과 종교의 논쟁에서 실제로 쟁점이 되는 것은 무엇인가?—이기도 한 질문의 한 가지 대답은 이러한 지적 양립 가능성의 문제들이다.

하지만 과학과 종교에 대한 이 작은 개론서에서 내가 특별히 강조하고 싶은 것은, 당대에 발생하는 사상들 간의 대결은 훨씬 더 크고 깊은 곳에 있는 구조들의 가시적인 말단에 불과하다는 것이다. 이 책 전체에 걸쳐 내가 추구하는 목표는 어떻게 해서 우리가 과학과 종교에 대해 지금처럼 생각하게 되었는지를 역사적으로 살펴보는 것, 지식에 대한 어떤 선입관들이 개입되어 있는지 철학적으로 탐구하는 것, 그리고 이러한 지적 논쟁들에서 언외 의제를 만들어내는 정치적·윤리적 질문들에 대해 생각해보는 것이다. 서론에 해당하는 이 장의 나머지 부분에서는, 한 개인이 지니는 믿음의 원천으로서의 과학과 종교, 그리고 사회적·정치적 실체로서의 과학과 종교에 대해 우리가 반드시 던져야 하는 질문들의 종류를 지적하고, 그런 다음에는 학문 분야로서의 '과학과 종교'를 간략하게 소개할 것이다.

자연을 만날 때

과학 지식은 자연세계에 대한 관찰을 바탕으로 한다. 하지만 자연세계를 관찰하는 것은 들리는 것처럼 단순하지도 독자적이지도 않은 활동이다. 예를 들어 달을 생각해보라. 맑은 날 밤하늘을 올려다보면 무엇이 보이는가? 달도 보이고 별도 보인다. 하지만 당신이 실제로 관찰하는 대상은 무엇인가? 무수히 많은 조그마한 밝은 빛들과, 그보다 더 큰 희끄무레하고 둥근 물체다. 만일 당신이 과학을 모르는 사람이라면 이 흰 물체를 무엇이라고 생각할까? 거대한 아스피린처럼 생긴 평평한 원반? 아니면 구체? 만일 후자라면, 왜 우리는 항상 같은 면만 보는 것일까? 그리고 왜 그 모양이 가느다란 낫 모양에서 완전한 원반으로 변하고 그런 다음에 원래대로 돌아올까? 그것은 지구 같은 천체일까? 그렇다면 얼마나 클까? 그리고 얼마나 가까이 있을까? 그곳에 사람이 살까? 아니면 밤에 뜨는 작은 태양일까? 혹시, 무수히 많은 자그마한 밝은 빛들과 같은 것인데 크기가 더 크거나 보다 가까이 있는 것은 아닐까? 어느 경우든, 왜 그리고 어떻게 그것은 그처럼 하늘을 가로질러 움직일까? 다른 무언가가 그것을 밀고 있을까? 눈에 보이지 않는 어떤 메커니즘에 의해 움직이는 것일까? 그 메커니즘이란 혹시 초자연적인 존재일까?

이번에는 당신이 현대과학을 잘 아는 사람이라고 가정해보자. 그러면 당신은 달이 한 달에 한 번씩 지구궤도를 완전하게 돌고 그러는 동시에 자체 축을 중심으로 한 번 회전하는(우리가 항상 달의 같은 면만 보는 것은 이 때문이다), 암석으로 이루어진 크고 둥근 위성이라는 사실을 알 것이다. 태양, 지구, 달의 상대적 위치가 바뀌는 것은 달이 '상'을 갖는 이유이기도 하다. 빛을 받는 달의 한쪽 면이 특정한 시간에 완전하게 보이거나 일부만 보이는 것이다. 또한 당신은 모든 물체는 중력에 의해 서로를 끌어당기며, 이때 작용하는 중력은 두 물체가 가진 질량의 곱에 비례하며 그들 사이의 거리의 제곱에 반비례한다는 사실을, 그리고 지구 주위로 달이 규칙적으로 운동하고 태양 주위로 지구가 규칙적으로 운동하는 현상을 설명하는 데 그러한 중력의 원리가 도움이 된다는 사실을 알 것이다. 당신은 아마 밤하늘의 자그마한 밝은 빛들이 우리 태양과 비슷한 항성이라는 사실도 알 것이다. 맨눈으로 볼 수 있는 것은 수천 광년쯤 떨어져 있고, 망원경을 통해 볼 수 있는 것은 수백만 광년, 심지어는 수십억 광년씩 떨어져 있으며, 그래서 밤하늘을 올려다보는 것은 우주의 먼 과거를 보는 것과 같다는 사실도 안다. 하지만 이러한 사실들을 아무리 많이 알아도 당신은 이를 관찰을 통해 알아낸 것이 아니다. 들어서 아는 것이다. 아마 부모나 과학 선생에게서, 또는 텔레비전 프로그램이나 온라인 백과사전에서 배웠을 것이다. 전문적인 천문학자들조차도 일반적으로는 이러한 사실들이 옳은 것인지 스스로 관찰해서 확인하지 않는다. 그 이유는 천문학자들이 게으르거나 무능해서가 아니라, 그동안 축적된 권위 있는 관찰들과 이론적 추론들이 믿을 만한 것이기 때문이다. 과학계는 수세기에 걸쳐 이러한 사실들이 근본적인 물리적 진리임을 입증했다.

요지는, 과학 지식이 자연세계에 대한 관찰을 바탕으로 하고 그러한 관찰에 의해 검증되는 것은 분명한 사실이지만, 감각기관을 제대로 활용하는 것보다 훨씬 많은 것이 필요하다는 것이다. 한 개인으로서, 심지어 과학자라 해도, 당신이 아는 것의 아주 작은 일부만이 자신의 직접적인 관찰에 기반한

1. 17세기 초에 판화가 클로드 멜랑이 망원경으로 관찰한 달의 모습을 판화로 제작한 것.

다. 그리고 이때도, 그러한 관찰들을 이해하는 것은 수 세기 동안 축적되고 발전해온 현존하는 사실들과 이론들의 복잡한 틀 안에서만 가능하다. 밤하늘에서 오는 빛과 천문학 및 우주론에 대한 당신의 생각 사이를 매개하는 길고 복잡한 문화적 역사가 없었다면, 당신은 달과 별들에 대해 지금 알고 있는 사실들을 알지 못했을 것이다(그 역사의 작은 단편을 2장에서 이야기할 것이다). 17세기 초에 갈릴레오 갈릴레이가 코페르니쿠스 천문학과 새로 발명된 망원경의 도움을 받아 오래된 지구 중심적 세계관에 성공적으로 도전한 일뿐 아니라, 같은 세기에 뉴턴이 운동 및 중력의 법칙들을 정립한 것, 그리고 더 최근에 물리학과 우주론에서 이루어진 진전들이 이 역사에 포함된다. 또한 책을 통해, 그리고 교실에서 과학 지식의 전파를 도모하고 통제하는 사회적·정치적 메커니즘들의 역사도 거기에 포함된다.

그런데 우리는, 과학은 사물들이 보이는 그대로가 아님을 증명해보이는 것을 목표로 삼는 경우가 많다는 사실에도 주목할 필요가 있다. 보이는 것은 속임수일 수 있다. 우리 발 밑의 지구는 단단하고 고정된 것처럼 보이고, 태양과 여타 별들이 우리 주위를 움직이는 것처럼 보인다. 하지만 그 모든 상반되는 감각적 증거들에도 불구하고, 지구는 자체 축을 중심으로 회전할 뿐 아니라 태양 주위를 엄청난 속도로 돌고 있다는 사실을 과학은 마침내 증명해 보였다. 갈릴레이의 『두 우주 체계에 관한 대화Dialogue Concerning the Two Chief World Systems』(1632)에 등장하는 한 인물은 바로 이러한 이유로, 아리스타르코스와 코페르니쿠스처럼 망원경이 생기기 전에 태양 중심적 체계를 믿을 수 있었던 사람들에게 감탄을 표한다. "나는 태양 중심 체계를 수용하고 그것을 사실로 간주한 사람들의 뛰어난 지적 능력에 감탄해마지않는다. 그들은 순전히 지적인 힘으로 자기 자신의 감각을 거역함으로써, 감각 경험이 분명하게 보여주는 것보다는 이성이 들려주는 이야기에 귀를 기울였다." 더 최근에는 진화생물학과 양자역학이 사람들에게 믿기 어려운 것들을 믿으라고 요구해왔다. 예를 들면, 우리가 토끼뿐 아니라 당근과도 조상을 공유한다는 것, 또는 물질의 가장 작은 성분들은 파동인 동시에 입자라는 것 등이다. 때때로 사람들은 과학이란 단지 경험적 관찰들을 체계화시킨 것이라거나, 상식을 주의깊게 사용하는 일에 지나지 않는다고 말한다. 하지만 과학은 감각이 우리를 속이며 기본적인 직관이 우리를 잘못된 방향으로 인도할지도 모른다는 사실을 증명해 보일 수 있는 잠재력과, 그렇게 하려는 포부 또한 갖고 있다.

하지만 당신이 밤하늘을 올려다볼 때 천문학과 우주론에 대해서는 전혀 생각하지 않을지도 모른다. 그 대신 당신은 자연의 힘, 하늘의 아름다움과 장엄함, 시공간의 광대함, 작고 보잘것없는 자신의 존재를 절실히 느낄지도 모른다. 그것은 심지어 종교적인 경험으로 다가올 수도 있다. 신의 권능과 대단하고 복잡한 창조에 대한 경외감이 더 높아져, 『시편』 19편의 한 구절을 떠올릴지도 모른다. "하늘은 하느님의 영광을 속삭이고 창공은 그 훌륭한 솜씨를 일러줍니다."

밤하늘에 대한 이러한 감정적이고 종교적인 반응은 현대 우주론의 관점에서 달과 별들을 지각하는 경험이 그렇듯이 역사와 문화에 의해 매개된다. 종교 교육을 받지 않으면 당신은 성서를 인용할 수 없을 것이고, 신에 대한 정교한 개념을 떠올릴 수조차 없을지도 모른다. 현대과학의 관찰과 마찬가지로, 개인의 종교적 경험도 앎을 찾는 공동의 시도와 그것을 위한 오랜 협업 과정들이 있었기에 가능한 것이다. 종교의 경우, 당신의 망막에 닿는 빛과 신의 영광에 대한 당신의 생각들을 매개하는 것은, 특정한 성서의 오랜 역사와, 그 성서에 대해 인간사회들이 연속적으로 시도해온 독해와 해석이다. 그리고 과학의 경우와 마찬가지로, 공동의 노력에서 얻은 한 가지 교훈은 사물이 보이는 그대로가 아니라는 것이다. 종교의 스승들은 과학의 스승들만큼이나, 관찰된 것 뒤에는 보이지 않는 세계, 그들의 불안정한 직관과 믿음을 뒤집어놓을지도 모르는 세계가 존재한다는 것을 제자들에게 보여주고자 한다.

정치적 차원

과학과 종교의 역사를 연구하는 사람들 사이에는, 계몽적 합리주의자, 빅토리아 시대의 자유사상가, 그리고 현대의 과학적 무신론자가 선호하는 '갈등 내러티브'를 공격하는, 흥미로운 대비를 이루는 두 종류의 전략이 존재해왔다. 첫번째 전략은, 전반적인 이미지를 갈등에서 복잡성으로 대체하고, 과학과 종교의 상호작용이 시대에 따라, 장소에 따라, 그리고 지역의 상황에 따라 매우 다른 방식으로 전개되었음을 강조하는 것이다. 과학자들 중에는 종교를 갖고 있는 사람도 있고 무신론자도 있다. 종파들 중에도 현대과학을 환영하는 종파가 있는 반면 그것을 의심하는 종파도 있다. '과학'도 '종교'도 단 하나의 단순한 실체를 지칭하지 않는다는 점을 인정하는 것도 이 접근방식의 중요한 요소이며, 국가에 따라 차이가 크다는 사실을 인정하는 것도 그렇다. 가장 분명한 예로, 20세기 초부터 현재까지 미국에서 진화와 종교에 대한 논쟁들이 유럽을 비롯한 그 밖의 다른 곳과는 매우 다르게 전개되어왔다는 사실을 들 수 있다. 5장에서 설명하겠지만, 학교에서 진화를 가르치는 것과 관련하여 오늘날 미국에서 일어나고 있는 논쟁은, 그 나라의 매우 특수한 상황들, 특히 '국교를 정하는' 법을 통과시키는 것을 금지하는 미국헌법 수정조항 제1조를 해석하는 문제를 둘러싸고 발생했다.

갈등 내러티브에 대한 이 첫번째 접근방식이 플롯을 바꾸는 것이라면, 두번째 접근방식은 주인공들을 다시 캐스팅하는 것이다. 이 접근방식은 이렇게 말한다. 맞아, 과학과 종교 사이에서 일어난 것처럼 보이는 갈등이 있었다는 점은 사실이야. 그런데 갈등은 실제로 있었지만, 과학과 종교 사이에 빚어진 것은 아니야. 그러면 이 이야기의 진짜 주인공은 누구인가? 여기서 우리는 곧바로 복잡하게 얽힌 세부적인 역사적 사실들과 마주하게 된다. 당연히 모든 사례에 들어맞는 간단한 캐스팅은 존재하지 않는다. 하지만 갈등의 본질은 지식의 생산과 전파를 둘러싼 정치적 갈등이라는 것이 일반적인 생각이다. 그러면 과학과 종교의 대립은 근대의 전형적인 정치적 갈등들—이를테면 개인 대 국가, 세속적 자유주의 대 보수적 전통주의—에 고정 출연하는 대역으로 볼 수 있다. 예컨대 현대 미국에서는 학교에서 진화를 가르치는 것을 찬성하는 쪽과 반대하는 쪽 모두가, 교육에 관한 의제를 통제하는 편협하고 권위주의적인 기득권에 맞서 국민의 권리와 자유를 대변하는 자들임을 자처해왔다. 1920년대에는 진화를 옹호하는 사람들이 기독교도와 보수주의자를 기득권자로 묘사했지만, 오늘날 몇몇 종교집단은 세속적 자유주의 엘리트들이 교육제도를 통제해왔다고 말한다. 과학과 종교에 대한 논쟁들은 특정 집단에 자신들이 더 큰 사회적 영향을 가져야 하고, 국가 교육에 대한 더 큰 통제권을 가져야 한다고 주장할 기회를 제공한다. 이러한 주장은 저마다 다른 정치적 근거들을 토대로 한다.

지식의 정치학에 관한 문제는 이어지는 장들에서 반복해서 나올 것이다. 여기서는 한 가지 사례만 더 살펴보자. 바로, 철학자이자 선동가였던 토머스 페인(Thomas Paine)의 사례다. 실패한 코르셋 제조업자였고, 해고당한 세금징수원이었으며, 때때로 정치 관련 글을 쓰는 저술가였던 페인은 1774년에 자신의 고국인 잉글랜드를 떠나 미국에서 새 삶을 시작했다. 필라델피아에 도착한 그는 〈펜실베이니아 매거진Pennsylvania Magazine〉의 편집자로 취직했다. 2년 뒤 그가 펴낸 논쟁적인 소책자 『상식Common Sense』(1776)은 영국 정부에 맞서 독립전쟁에 나서도록 미국 식민지인들을 설득하는 데 핵심 역할을 했고, 그를 당대의 베스트셀러 저자로 만들어주었다. 군주정치에 반대하는 민주적인 페인의 정치철학은 벤저민 러시(Benjamin Rush), 토머스 제퍼슨(Thomas Jefferson), 그 밖의 미국 건국의 아버지들에게 영향을 미침으로써 독립선언문의 기틀을 마련했다. 페인이 정치 다음으로 많은 관심을 가진 분야는 과학과 공학이었다. 그는 잉글랜드에 있을 때 뉴턴과 천문학에 관한 대중 강연들을 들으러 다녔고, 자연의 위대한 작품 중 하나인 거미줄의 섬세함과 견고함에서 영감을 얻어 외경간 철교를 설계하는 데 많은 세월을 보냈다. 그의 철학세계는 과학적인 것이었다. 그는 정부조직의 변혁을 천체의 운동과 비슷한 것으로 보았다. 둘 다 필연적이고, 자연적이며, 법칙의 지배를 받는 과정이었다. 말년에 미국독립전쟁과 프랑스혁명에 가담한 그는 군주제에서 기독교로 시선을 돌렸다. 기독교의 제도들은 군주제 정부의 제도들만큼이나 그의 계몽주의적이고 뉴턴주의적인 감수성에 거슬렸다. 『이성의 시대Age of Reason』(1794)에서 페인은 "수백 년 동안 교회가 과학과 과학 전문가들을 상대로 지속적으로 자행해온 박해"를 개탄했다.

페인 버전의 갈등 내러티브는 정치적 맥락에서 볼 때 가장 이해가 잘 된다. 분명 페인은 기독교에 반대한 과학적인 사상가였다. 그는 성서를 비난했고, 특히 고대 히브리인들의 "호색적인 방탕함"과 그들의 신이 행한 "무자비한 보복"에 대한 이야기들로 가득한 구약을 비난했다. 페인은 성서에 대한 다음과 같은 글로 친구들을 경악게 했다. "나는 잔인한 모든 것을 혐오하는 것과 마찬가지로 성서를 진심으로 혐오한다." 또한 페인은 영국의 국교회와 국가 사이의 "부정한 관계"에 기여하는 "성직자들의 정치적 영향"을 호되게 비판했다. 하지만 그가 바랐던 것은 종교의 종말이 아니라 기독교를 자연에 대한 연구에 기반한 이성적인 종교로 대체하는 것이었다. 그것은 신의 존재, 도덕의 중요성, 내세에 대한 소망을 인정하되, 성서와 성직자와 국가의 권위가 빠진 종교였다. 그의 이러한 생각은 민주적인 이상에서 나온 것이었다. 국가의 교회들은 특별한 자만이 신의 진리와 계시에 접근할 수 있다고 주장함으로써 인민들에게 부당한 권력을 행사했다. 하지만 자연의 책을 읽고, 그 저자의 선량함, 권능, 아량을 이해하는 것은 누구나 할 수 있는 일이었다. 페인이 추천한 이신론적 종교에서는 인민이 성직자나 국가에 예속될 필요가 없었다. 과학은 모든 사람이 성서를 읽거나 교회에 가는 대신 밤하늘을 쳐다보는 것만으로 신을 발견할 수 있음을 증명해 보임으로써 기독교를 대체하는 것을 도울 수 있었다. 페인은 이렇게 썼다. "천문학이 왕좌를 차지하는 과학의 전체 범위를 포괄하는, 현재 자연철학이라고 불리는 학문이야말로 신의 작품들을, 그리고 신과 그의 작품들에 깃들어 있는 권능과 지혜를 연구하는 학문으로, 진정한 신학이다."

교회와 국가의 분리를 포함하는 페인의 민주적 이상들은 미국의 건국 관련 문서들에 명시되어 있다. 그리고 현대 미국에서도, 과학과 종교에 대한 논쟁들에서 갈등을 빚는 주체는 서로 경쟁하는 정치적 비전들이다. 진화론이 사실임을 부정하고 종교적 동기에서 나온 '지적설계' 개념을 학교에서 가르치자고 주장하는 미국 정치인들은 과학적인 이유에서 그렇게 하는 것이 아니다. 그들이 그렇게 하는 것은 신호를 보내기 위해서다. 즉, 기독교에 대한 지지, 헌법을 지나치게 세속주의적으로 해석하는 것에 대한 반대, 그리고 자연주의적이고 물질주의적인 세계관에 대한 적대감을 알리기 위한 것이다.

과학과 종교의 만남에서 실제로 쟁점이 되고 있는 것이 바로 정치라는 생각을 뒷받침하는 흥미로운 마지막 증거는 20세기 중반에 나온 두 편의 희곡에서 찾을 수 있다. 두 작품은 영웅적인 과학자와 반동적이고 권위주의적인 종교 기득권 사이의 유명한 충돌을 극화했고, 그렇게 한 것은 정치적인 생각을 밝히기 위해서였다. 베르톨트 브레히트의 「갈릴레이의 생애Life of Galileo」는 1930년대와 1940년대 초에 걸쳐 쓰였다. 브레히트는 파시즘에 반대한 독일 공산주의자였고, 처음에는 덴마크에서, 그다음에는 미국에서 망명생활을 했다. 이 연극은 갈릴레이의 이야기를 이용해, 억압적인 정권에서 살아가는 반체제 지식인이 직면하는 딜레마들을 찾아내고, 순수하게 과학 그 자체를 위해서보다는 도덕적·사회적 목적을 위해 과학 지식을 추구하는 것이 중요하다고 말한다. 유명한 갈릴레이 사건에서 브레히트는 파시즘 독재에 맞서 투쟁하는 세계에 적용할 수 있는 정치적 교훈들을 보았다. 그리고 나중에 고쳐 쓴 버전에서는 그러한 정치적 교훈들을 히로시마와 나가사키에 투하된 원자폭탄의 영향 아래 살아가는 세계에 적용할 수 있었다.

1955년에 처음 상연되었고 1960년에 유명한 영화로 만들어진 제롬 로렌스(Jerome Lawrence)와 로버트 E. 리(Robert E. Lee)의 희곡 「바람의 상속자Inherit the Wind」는 1925년에 있었던 스코프스의 '원숭이 재판'을 극화했다. 이 연극의 기초가 된 역사적 사건들은 5장에서 다룰 것이다. 미국 테네시 주의 교사인 존 스코프스가 주 법령을 위반하고 진화를 가르친 죄로 기소당하는 것이 중심 줄거리다. 『바람의 상속자』는 스코프스 사건을 활용해 매카시 시대의 반공산주의 숙청을 공격했다. 1920년대 테네시 주에서 억압적인 기독교 기득권층과 맞선 영웅적인 진화론자인 스코프스는, 이 작품에서 공산주의에 동조하는 사람들이 미국의 억압적인 정부기관을 상대로 벌인 언론·결사·표현의 자유를 위한 투쟁의 상징으로 쓰였다. 이 동조자들 중에는 우연히도 베르톨트 브레히트가 있었다. 그는 진술을 위해 1947년에 반미활동조사위원회에 소환되었다. 브레히트의 『갈릴레이의 생애』와 로렌스와 리의 『바람의 상속자』 두 경우 모두에서, 과학과 종교의 갈등에 극적 효과와 흥미를 부여한 것은 지적 자유, 정치권력, 인간의 도덕성에 대한 질문들이었다. 실제 삶에서도 마찬가지다.

학문 분야로서의 '과학과 종교'

지금까지 우리는, 개인의 마음속에서 그리고 정치적 영역에서 서로 마주치는 두 개의 문화적 기획이라는 일반적인 의미로서의 과학과 종교를 살펴보았다. 이 밑그림에 추가해야 하는 또하나의 중요한 차원이 있는데, 그것은 근래에 학문 분야가 된 '과학과 종교'다.

물론 수백 년 동안 신학자, 철학자, 과학자는 자연 지식과 계시의 관계에 대한 논문을 써왔다. 이 연구들의 대다수는 특히 18세기와 19세기에 매우 대중적으로 읽혔다. 가장 유명한 것은 영국국교회 성직자였던 윌리엄 페일리(William Paley)가 쓴 『자연신학Natural Theology』(1802)으로, 이 책은 동식물의 복잡한 적응들에서 지적설계자의 존재를 추론했다. 그런데 1960년대부터 '과학과 종교'가 하나의 학문 분야로서 더 뚜렷한 존재감을 드러내기 시작했다. 1966년에 이 분야 최초의 전문 학술지인 〈자이건: 종교과학저널Zygon: Journal of Religion and Science〉이 시카고에서 창간되었다. 그리고 같은 해, 영국의 물리학자이자 신학자 이언 바버(Ian Barbour)가 저술해 널리 사용된 교과서인 『과학과 종교의 쟁점들Issues in Science and Religion』이 출간되었다. 그때부터 이러한 종류의 연구를 장려하기 위해 유럽과학신학학회(European Society for the Study of Science and Theology)와 국제과학종교학회(International Society for Science and Religion)를 포함한 다양한 기구들이 설립되었다. 영국의 옥스퍼드 대학과 케임브리지 대학, 그리고 미국의 프린스턴 신학교를 포함한 여러 큰 연구기관들에는 과학과 종교의 관계를 전문적으로 연구하는 정교수직이 있다.

학제 간의 조화로운 대화를 추구하는 과학자와 신학자들의 학문 연구를 로마 가톨릭교회의 바티칸 천문관측소와 미국의 존 템플턴 재단을 포함한 다양한 기관들에서 지원하고 있다. 존 템플턴 재단은 특히 과학과 종교를 조화시키는 연구를 지원하기 위한 단체다. 최근에 존 템플턴 재단에서 연구비를 받은 한 대형 프로젝트는 이타주의와 '무제한적인 사랑'에 대한 연구를 진행하고 있다. 이 연구의 결과물 중 한 책은, 이타적이고 온정적인 인생을 사는 사람들의 심신이 더 건강하다는 것을 설명하고 있다.

존 템플턴 재단은 매년 연구보조금으로 수백만 달러를 쓴다. 해마다 수여하는 템플턴상이 그중 하나인데, 현재의 상금액은 약 150만 달러이고, "영적 실재에 대한 연구 및 발견을 증진시킨" 사람들에게 주어진다. 수상자들 중에는 기독교 전도사들과, 기독교 외의 신앙을 갖고 있는 유명인들뿐 아니라, 이언 바버, 아서 피코크(Arthur Peacocke), 존 폴킹혼, 폴 데이비스(Paul Davies), 조지 엘리스(George Ellis)처럼 과학과 종교의 학문적 대화에 앞장선 많은 사람들이 포함되어 있다. '과학과 종교'를 학문적 주제로 만드는 데 기여한 사람들의 다수가 그렇듯이, 방금 거론한 인물들은 전부 독실한 신앙생활을 하는 전문 과학자들이다(몇몇 경우는 서품을 받은 성직자들이다). 또한 많은 역사가, 철학자, 신학자들이 이 분야에 큰 기여를 했다. '과학과 종교'는 심지어 옥스퍼드 대학의 '과학의 대중 이해' 교수인 리처드 도킨스 같은 과학적 무신론자들도 열정적으로 참여하는 주제다.

이미 말했듯이, 이 분야의 많은 학술 연구가 과학과 종교 사이의 갈등은 불가피하다는 개념의 타당성(또는 타당성 없음)에 대한 것이었다. 이러한 관심은 어느 정도는 변증론적 동기에서 나온다. 이 분야에 몸담은 사람들의 다수는 과학이 신앙의 토대를 무너뜨릴 필요가 없다는 것을 보여주려는 신자들이다. 하지만 갈등을 부정하는 연구(혹은 일차원적인 다른 어떤 관계를 부정하는 연구)는 순수하게 학문적인 동기로 이루어지기도 한다. 이 경우에 해당하는 여러 사례들이 이어지는 장들에서 나올 것이다.

갈등을 변호하든 조화를 변호하든 '과학과 종교의 관계'에 대한 모든 논의는 과학과 종교라는 용어의 다중성과 복잡성을 가린다는 이의가 있을 수 있다. '과학'과 '종교'는 둘 다 경계가 분명하지 않은 모호한 범주들이며, 개별 과학 분야와 개별 종교들은 분명히 각기 다른 방식으로 상호관계를 맺어왔다. 예를 들어 수학과 천문학은 중세에 이슬람 문화에서 특히 장려되었는데, 정확한 기도 시간과 메카의 방향을 계산하기 위한 용도뿐 아니라 더 세속적인 여러 목적을 위해 쓰였다. 바그다드에 있는 지혜의 집(House of Wisdom) 같은 학술기관에서 일한 이슬람 학자들은 9세기부터 15세기까지 천문학과 점성술뿐 아니라 고대 그리스의 의학과 광학을 보존하고 검증하고 발전시켰다. 이 학자들의 모토는 "천문학과 해부학을 알지 못하는 사람은 신을 알 수 없다"였다. 그들의 연구는 중세 후반부터 줄곧 유럽 학문의 부흥에 결정적인 재료가 되었다.

유럽의 주류 학문기관들로부터 배제된 유대 공동체들은 근대 초 유럽에서 과학 및 의술과 특히 강력한 관계를 맺었다. 로마 가톨릭교회는 갈릴레이의 생각들로 인해 떠들썩한 곤혹을 치렀음에도 불구하고 르네상스 기간 동안 과학 연구의 가장 인심 좋은 후원자가 되어, 특히 예수회를 통해 천문관측소들과 실험 도구에 투자했다. 근대 과학 지식—서양 특유의 사고체계—과 동양의 종교적 전통들 사이의 관계는 또 다르다. 그 예로 우리는 명상중의 뇌 상태에 대한 신경과학 연구에 관심을 둔 불교 신자라든지, 1975년에 나온 프리초프 카프라(Fritjof Capra)의 베스트셀러 『현대 물리학과 동양사상The Tao of Physics: An Exploration of the Parallels between Modern Physics and Eastern Mysticism』을 떠올릴 수 있다. 마지막으로 진화생물학과 현대 개신교의 관계에도 매우 특별한 이야기가 존재한다. 이 이야기는 나중에 다시 할 것이다. 요지는, 이러한 관계들 중 어느 것도 과학과 종교의 관계를 이해하는 보편적 본보기가 될 수 없다는 것이다.

어떤 사람들은 '과학과 종교'라는 어구를 사용하는 것에서부터 지나친 단순화, 일반화, 물화(物化)〔객관적인 대상으로 구체화되는 것〕가 일어난다는 점을 들어, 이는 학술 연구의 주제로 애당초 적당하지 않다고 생각한다. 나는 이 견해에 어느 정도 공감한다. 이 분야에 대한 대다수 연구에서 그렇듯이, 이 책에서도 '종교'는 대체로 기독교를 말한다. 하지만 적어도 아브라함을 근원으로 하는 일신교 전통들인 유대교, 기독교, 이슬람교 내에서는 일반적인 논의를 가능하게 하는 역사적, 철학적, 신학적 공통점이 충분히 존재한다. 이 논의를 일신교 외의 종교 전통들이나 성서를 갖고 있지 않는 전통들로 더 확장하는 것이 가능한지 또는 바람직한지는 다른 문제이고, 이 문제는 이 책에서는 다루지 않을 것이다. 하지만 모든 일신교는 두 종류의 책—자연의 책 그리고 성서—의 저자가 신이라는 생각, 그리고 신자는 두 가지 책을 주의깊게 읽음으로써 이해와 믿음을 깊어지게 할 수 있다는 생각을 공유한다. 신의 말씀과 신의 작품들을 읽는 데 기울이는 이 공동의 노력의 지적, 정치적, 윤리적 영향들은 이 세 가지 일신교 전통에서 비록 똑같은 방식은 아니지만 비슷한 방식으로 나타났다.

'과학과 종교'라는 어구가 비록 역사적으로 논란의 여지가 있긴 했지만 선명한 문화적 고정관념을 상기시킬 뿐 아니라, 한 학문 분야의 명칭으로 쓰인다는 사실은, 이것을 사고의 한 범주로 (그리고 이 책과 그 밖의 많은 책들의 제목으로) 계속해서 사용할 이유로서 충분하다고 생각한다. 지금도 학자들과 저널리스트들은 마치 과학과 종교 간의 어떤 일반적인 관계가 계속 있어왔던 것처럼, 그리고 그러한 견지에서 동시대의 특정한 사례들을 이해할 수 있는 것처럼 글을 쓴다. 설령 그 관계가 우리의 상상 속에서만 존재한다 해도, 어떻게 해서 그렇게 되었는지 이해하는 것은 중요하다. 갈릴레오 갈릴레이와 종교재판소의 조우가 그 관계에 대한 많은 유명한 저술들의 중심을 차지하고 있으므로, 그의 이야기로 본론을 시작하는 것이 적당할 듯하다.

제 2 장

갈릴레이와 과학철학

갈릴레이가 1633년에 코페르니쿠스 학설에 대한 지지를 철회한 것은 무엇을 의미했을까? 종교적 반계몽주의의 승리이자 자유로운 과학 탐구의 패배를 뜻했을까? 과학과 종교는 이념적·제도적 전투에 갇혀 있을 수밖에 없다는 증거였을까? 물론 그게 다가 아니었다. 갈릴레이 사건과 관련이 있는 모든 당사자들 사이에는, 자연에 대한 관찰을 통해 세계에 관한 정확한 지식을 발견하려는 것과 믿음의 근거를 성서에서 찾는 것이 둘 다 적절하고 합리적인 일이라는 합의가 있었다. 경험과학과 권위주의적인 종교가 갈등을 빚은 것이 아니라, 자연과 성서를 어떻게 해석해야 하는가에 대한 가톨릭교회 내의 서로 다른 견해들이, 특히 서로 동의하지 않는 것처럼 보일 때 갈등을 빚었던 것이다. 갈릴레이 재판의 정확한 맥락, 이전 세기의 종교개혁이 드리운 그림자, 당시 교황청의 정치학을 이해하는 것은, 니콜라우스 코페르니쿠스가 1543년에 자신의 저서 『천구의 회전에 관하여On the revolutions of the Heavenly Spheres』에서 태양 중심적인 천문학을 주장한 뒤로 거의 100년이 지난 1633년에 이러한 쟁점들이 극적인 성격을 띠게 된 경위를 설명하는 데 도움이 된다.

갈릴레이의 이야기를 성서를 어떻게 해석해야 하는가에 대한 17세기 가톨릭교회 내의 의견 차이에 대한 이야기로 바꿔 말하는 작업으로 들어가기 전에, 지식의 원천에 관한 몇 가지 일반적인 질문들을 살펴보면 도움이 될 것이다. 그것은 1633년 6월에 로마에서 쟁점이 되었던 것이 무엇이었는지뿐 아니라, 과학과 종교에 대한 오늘날의 논쟁에서 자주 거론되는 과학철학에 대한 일반적인 질문들을 이해하는 데도 도움이 될 것이다.

우리는 어떤 것을 어떻게 아는가?

우리는 일반적으로 네 가지 원천으로부터 세계에 대한 지식을 얻는다. 감각, 이성적으로 사고하는 힘, 타인들의 증언, 그리고 기억이다. 이 넷의 가장 분명한 공통점은 틀릴 수 있다는 것이다. 감각은 우리를 속일 수 있고, 추론은 오류 가능성이 있으며, 다른 사람들은 고의적으로나 우연히 우리를 잘못된 길로 이끌 수 있고, 우리 대부분은 기억이 얼마나 불완전하고 쉽게 왜곡될 수 있는지 잘 안다(그리고 나이가 들면서 점점 더 실감한다). 근대과학이라는 프로젝트는 낱낱으로는 비교적 약한 상태인 실들을 더 탄력적인 지식의 그물로 엮는 시도라고 요약할 수 있다. 그러므로 한 사람의 감각 경험이 받아들여지기 전에 많은 사람들에 의해 그것이 목격되고, 확인되고, 반복되어야 한다. 또한 어떤 대상의 속성들을 단순히 관찰한 결과는, 그 대상이 다른 상황에서 어떻게 행동하는지를 더 정확하게 검사하는 정교하게 설계된 실험들을 통해 보완되어야 한다. 인간의 지각 능력은 그 자체로는 제한적이지만, 17세기 초에 발명된 망원경과 현미경, 그 이후 발명된 훨씬 더 정교한 많은 다른 도구들 덕분에 인간이 관찰하고 측정할 수 있는 범위와 정확성이 엄청나게 높아졌다. 하지만 이성을 사용하지 않고는 실험을 설계하는 것이 불가능하고, 관찰한 결과의 의미를 이해할 수 없을 것이다. 실재의 본성에 대한 이론적 가설들을 세우고 그 가설들을 뒷받침하거나 반박하기 위해 어떤 실험적 증거가 필요한지 추론하는 것은 과학 지식의 선결 조건이다. 마지막으로, 과학 전문가들은 자신이 아는 것을 어디서 들었는지 출처를 밝혀야 하고, 자신들의 증언을 인정받으려면 왜 그렇게 추론하게 되었는지 설명해야 한다. 그리고 과학적 결과들을 논문, 책, 전문 학술지에, 그리고 요즘에는 전자 데이터베이스에 게재함으로써, 한 개인의 기억에만 의존할 때보다 훨씬 뛰어난, 문서화된 집단기억을 만든다.

이렇게 생산된 지식은 인간사회의 매우 가치 있는 재산이다. 그것은 우리로 하여금 자연세계뿐 아니라 타인들을 원하는 대로 조작할 수 있게 해준다. 17세기 잉글랜드에서 과학의 가장 든든한 옹호자였던 프랜시스 베이컨은 이렇게 말했다. "인간의 지식과 인간의 능력은 한곳에서 만난다. 왜냐하면 원인을 모르는 곳에서는 결과가 생산되지 않기 때문이다." 다시 말해, 우리는 자연의 은밀한 작용 원리를 이해함으로써 인간 조건을 개선하는 기계와 의약품을 생산할 수 있다는 것이다. 또한 베이컨은 당대의 새로운 지식을 정당화하기 위해 이렇게 말했다. "모든 지식은 신이 손수 심은 식물인 듯하다. 그 시점에 널리 퍼져 번성하도록 신이 예정하신 것이다."

로버트 보일(Robert Boyle)과 로버트 훅(Robert Hooke) 같은 17세기 잉글랜드의 자연철학자들—실험 방법의 새로운 '장인들'이며, 왕립학회의 창립자들—은 일부 사람들에게 통설을 위협하는 존재로 인식되었다. 자연의 숨겨진 힘을 발견해 마음대로 조작할 수 있다는 그들의 주장은 신의 역할을 찬탈하려는 시도처럼 보였다. 지식을 얻는 것은 베이컨의 말대로

"신이 손수 심은" 작물을 수확하는 것이라고 독자들을 안심시키는 것이 중요했던 것은 그 때문이다. 이 은유적 이미지에서 신은 지식의 씨를 뿌리는 자이고 자연철학자들은 그 열매를 수확하는 사람들이었다. 자주 쓰인 또하나의 은유에서는, 신이 우주를 일구는 농부로서가 아니라 두 권의 책—자연의 책과 성서—의 저자로서 그려졌다. 이 은유도 똑같은 생각에 뿌리를 두고 있었다. 즉, 지식의 궁극적인 원천은 신이며 인간은 그 지식을 획득하기 위해 특정한 방법들을 선택해야 한다는 것이다.

농경과 독서에 대한 은유의 한 가지 장점은 인간의 지식(적어도 자연적 지식)이 단순히 발견되는 것이 아니라 만들어지는 것이라는 사실에 주목하게 한다는 데 있다. 씨가 식물로 자라나 열매를 맺으려면, 올바른 조건에 파종해 물과 양분을 주고 올바른 방법으로 추수해야 한다. 텍스트는 일반적으로는 의미가 분명치 않아서, 서로 다른 역사적·문학적 기법들을 이용하는 많은 독자들의 집단적 노력을 통해 해독되어야 한다. 설령 텍스트에서 '문자 그대로'의 의미를 찾는다 해도 그것은 결코 간단한 문제가 아니다. 문학 연구자들 사이에서는 잘 알려졌듯이, 텍스트에 담긴 저자의 의도를 파악하는 것은 어렵고 논란의 여지가 있는 일이다. 신이 지은 두 권의 책을 파악하는 일에서도 그러한 어려움들이 결코 덜하지 않았음을 과학과 종교의 역사는 증언한다. 자연도 성서도 저자의 의도를 분명하게 드러내지 않는다. 물론 어떤 사람들은 한 걸음 더 나아가, 둘 중 어느 것도 신이 쓴 것이 아니라고 말하기도 했다. 어떤 사람들은 자연의 책은 자서전으로, 성서는 순전히 인간의 작품으로 해석했다.

이 대목에서 우리는 이미 언급한 지식의 네 가지 원천—감각, 이성, 증언, 기억—에 다섯번째로 '계시'를 보태야 하지 않을지 궁금해진다. 자연에서도 성서(유대교의 토라, 기독교의 성서, 이슬람교의 코란)에서도 저자로서의 신의 흔적을 찾을 수 있다는 것은 유대교도, 기독교도, 이슬람교도의 공통된 믿음이다. 자연세계는 창조주의 권능, 지능, 선의를 드러내고, 성서는 신이 선택한 사람들을 위한 신의 계획과, 그들이 살아갈 법적·도덕적 토대를 드러낸다. 더불어, 자연적 형태의 지식과 계시된 형태의 지식 사이에는 미묘한 차이가 있다. 자연 지식은 인간의 자연적인 능력인 감각과 이성을 통해 생산된다(이러한 능력들은 자연세계뿐 아니라 성서에 대해 추론하는 데도 쓰일 수 있다). 반면 계시된 지식은 진리가 초자연적으로 드러남으로써 생산된다. 이러한 일은 성서라는 매체를 통해서 일어날 수도, 신자 개인에게 신이 직접 계시를 내림으로써 일어날 수도 있다. 그러므로 자연신학의 신에 대한 담론은 계시신학과 달리, 계시가 아니라 인간의 이성에 기반하여 이루어진다. 자연신학은 자연세계에서 볼 수 있는 설계에서 신을 추론해내는 신학적 연구를 포함한다. 윌리엄 페일리가 그의 유명한 책 『자연신학』(1802)에서 한 작업이 바로 그것이었다. 하지만 자연신학은 신의 존재와 속성에 대한 순수하게 철학적인 연구도 포함한다. 자연의 '환원 불가능한 복잡성'이 '지적설계'를 믿어야 하는 이유라고 주장하는 현대의 책들은 이러한 전통을 잇는 것이다. 이 주제에 대해서는 5장에서 살펴볼 것이다.

과학과 종교에 대한 논쟁들에서는 지식의 서로 다른 원천들 중 어느 쪽에 권위를 둘 것인가를 둘러싼 의견 차이가 항상 발생할 수밖에 없다. 기적에 대한 주장을 판단할 때 증언과 경험 중 어느 쪽에 무게를 둘 것인가에 대한 논쟁들에서도 마찬가지다(이 문제는 3장에서 다룰 것이다). 또한 18세기에 있었던 이신론과 기독교의 충돌에서도 마찬가지다. 토머스 페인이 기독교 철학자들에게 반대한 지점은 그 사람들이 자연에서 신을 발견했다는 대목(그것은 페인도 마찬가지였다)이 아니라, 성서의 계시를 통해서도 신을 발견할 수 있다고 생각한 대목이었다. 페인은 유일하게 가능한 계시란 신에게서 한 개인에게로 직접 일어나는 것이라고 생각했다. 만일 신이 이런 방식으로 행동했다면, 계시는 "일인칭 시점으로만 이루어지고 다른 모든 사람에게는 소문으로만 전해지는 것"이다. 그러므로 성서들은 단지 인간의 증언에 지나지 않는 것이며 이성적인 독자가 그것을 믿을 의무는 없었다. 20세기의 창조론자들은 페인과 정반대의 입장을 취했다. 그들은 성서에 계시된 신의 말씀이 가장 믿을 수 있는 형태의 지식이며, 성서에 대한 자신들의 해석과 모순되는 것은 받아들이지 말아야 한다고 생각했다. 그들이 말하는 성서와 모순되는 지식에는 진화에 대한 주류 과학계의 이론들도 포함되었다. 어떤 창조론자들은 더 나아가, 자연에 대한 책을 다시 읽어서 지질학을 창세기와 조화시킨 '창조과학'을 생산하기까지 했다. 합리론자들이 계시를 완전히 거부하고 근본주의자들이 모든 형태의 지식은 성서에 비추어 검증되어야 한다고 주장하는 동안, 그보다 많은 사람들은 신이 지은 두 권의 책에 대한 자신들의 해석을 어느 쪽도 다치지 않게 조화시킬 방법들을 찾았다.

갈릴레이의 흥망성쇠

갈릴레이는 성서와 자연에 대한 지식 사이에서 조화를 추구한 마지막 범주의 신자들에 속했다. 그는 성서는 하늘나라에 가는 방법에 대한 것이지 하늘이 어떻게 작동하는지에 대한 것이 아니라는 견해를 지지했다. 다시 말해, 만일 구원과 관련한 문제들에 대해 알고 싶다면 성서를 찾아봐야 하지만, 자연세계의 작동에 대해 자세히 알고 싶다면 다른 곳—즉, 경험을 통해 관찰되고 추론을 통해 증명된 사실들—에서 시작하는 게 더 낫다는 것이다. 이러한 견해에는 특별히 이설이라고 볼 만한 게 없었지만, 갈릴레이는 그 원리를 자신의 사건에도 적용할 수 있다는 것을 권위자들에게 납득시키는 데 실패했다. 교회는 수학, 천문학, 기타 과학들과 일반적으로는 대립하지 않았던 것이 분명하지만, 갈릴레이 같은 평범한 개인이 성서와 교회의 권위에 도전하는 데에는 한도가 있었다. 그는 그 한도를 넘었다. 그가 어떻게 그리하게 되었는지에 대한 이야기에는 세 주인공이 등장한다. 망원경, 성서, 그리고 교황 우르바누스 8세다.

17세기 초에 갈릴레이는 코페르니쿠스 천문학이 우주를 정확하게 기술한 것일지도 모른다고 생각한 몇 안 되는 자연철학자들 중 한 명이었다. 로마 가톨릭교회 안에서 일하는 수학자와 천문학자를 포함해, 그러한 문제들에 관심을 둔 사람들의 대다수는 고대 그리스 철학자 아리스토텔레스와 관련된 물리학과 우주론을 지지했다. 이러한 아리스토텔레스 과학에는 갈릴레이의 도전을 받게 되는 두 가지 요소가 있었다. 첫째는, 2세기 그리스 천문학자 프톨레마이오스가 생산한 지구 중심적 우주 모델이었다. 이것은 당시의 표준적인 우주 모델이었으며, 다소 복잡하고 기술적인 문제들이 있긴 했지만 코페르니쿠스 모델만큼이나 항성과 행성의 위치를 잘 계산해냈고,

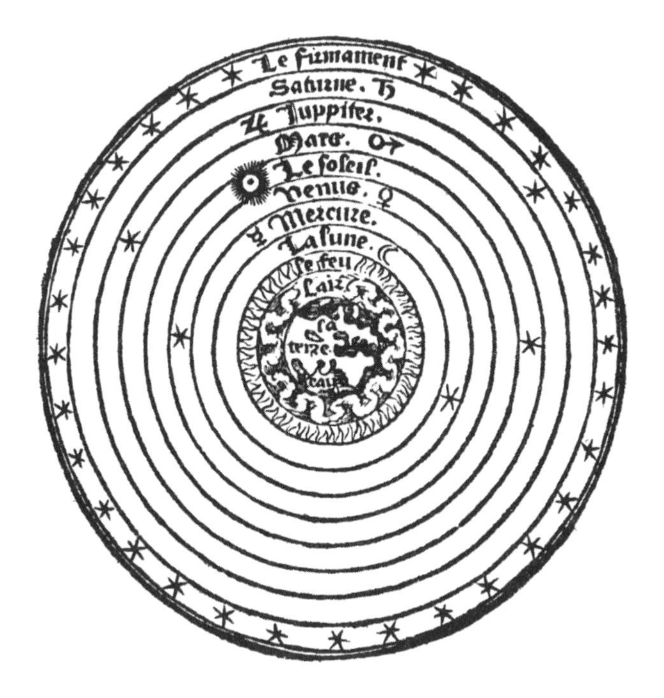

2. 프톨레마이오스의 지구 중심적 우주 체계를 표현한 16세기 그림. 중심에는 흙, 물, 공기, 불이라는 네 원소로 이루어진 세계가 있고, 그 주위를 달, 수성, 금성, 태양, 화성, 목성, 토성의 영역들이 둘러싸고 있으며, 마지막에 항성들의 영역이 있다. 아리스토텔레스가 지지한 프톨레마이오스 체계는 17세기 초에 거의 모든 자연철학자들에게 받아들여지고 있었다.

지구가 움직이지 않는다는 상식적인 직관과 일치한다는 큰 이점을 지녔다. 아리스토텔레스 과학에서 갈릴레이의 공격을 받게 되는 두번째 요소는 우주를 두 구역—달 아래 세계와 달 위의 세계—으로 나눈 것이었다. 달 아래 구역은 달궤도 안쪽을 뜻했다. 이곳은 부패하고 불완전한 구역이고, 흙, 물, 공기, 불이라는 네 원소로 이루어졌다. 모든 천체들의 영역인 달 위의 구역에서는 모든 것이 제5원소인 에테르로 이루어졌으며, 완벽한 원운동을 하는 것이 특징이었다.

천문학에 대한 갈릴레이의 위대한 기여는, 1611년에 발명된 '망원경'이라는 이름의 광학기구를 이용해 하늘을 관측하고 그 결과를 통해 아리스토텔레스와 프톨레마이오스의 이론에 도전한 것이었다. 갈릴레이는 망원경을 직접 발명하지는 않았지만, 망원경이 발명되었다는 소식을 듣자마자 더 뛰어난 자신만의 망원경을 만들기 시작했다. 네덜란드에서 만들어진 최초의 망원경들은 겨우 3배 확대될 뿐이었다. 갈릴레이는 배율이 약 20배인 망원경을 개발했고, 그것으로 하늘을 관측해 놀라운 결과를 얻었다. 그 결과들은 1610년에 출판된 『별의 전령The Starry Messenger』과 1613년에 출판된 『흑점에 대한 편지들Letters on Sunspots』에 실렸고, 이 두 권의 책으로 그는 뛰어난 관측천문학자이자 유럽 최고의 자연철학자라는 평판을 구축했다. 또한 이 책들은 갈릴레이가 코페르니쿠스 천문학을 선호한다는 사실을 분명하게 드러냈다.

아래 두 가지 예는 갈릴레이가 어떻게 자신의 망원경을 아리스토텔레스의 과학을 공격하는 무기로 휘둘렀는지를 잘 보여준다. 갈릴레이의 가장 강력한 무기가 된 발견을 단 하나만 꼽는다면, 망원경으로 금성의 상 변화를 볼 수 있었다는 사실일 것이다. 다시 말해, 달처럼 금성도 겉보기 모양이 초승달 모양에서 완전한 원반으로 변했다. 이 사실은 금성이 태양의 궤도를 돈다는 것을 의미했다. 만일 프톨레마이오스 체계가 옳고, 하늘에서 항상 태양 가까이에 있는 것으로 알려져 있던 금성의 궤도가 태양의 궤도보다 지구에 더 가까웠다면, 금성은 항상 가느다란 초승달 형태로 보였어야 한다. 둘째로, 갈릴레이는 우주가 달 아래 세계와 달 위 세계로 구분된다는 것을 굳게 믿은 아리스토텔레스주의자들의 생각을 반박할 다양하고 중요한 관측을 했다. 그의 망원경은 달이 운석 구덩이와 산맥을 지닌 암석으로 된 위성임을 보여주었다. 즉, 달은 에테르로 이루어진 완벽한 천체라기보다는 지구와 더 비슷했다. 또한 그는 목성에 네 개의 위성이 딸려 있다는 사실을 보여주었다. 이 사실은 코페르니쿠스 이론에 대해 흔히 제기되던 반론을 논파하는 데 도움이 되었다. 프톨레마이오스 이론에서는 지구의 달이 지구궤도를 도는 여러 행성들 중에서 가장 가까이 있다고 여겨졌다. 만일 코페르니쿠스가 옳다면, 달은 지구의 궤도를 돌고 그러는 동안 지구는 태양의 궤도를 돌아야 하는데, 한 천체가 우주의 중심이 아닌 다른 무언가를 중심으로 궤도운동을 하는 것이 어떻게 가능한가? 목성의 궤도에 네 개의 위성이 존재한다는 발견(목성이 지구를 돌든 태양을 돌든 관계없이)은 그러한 운동이 실제로 가능하다는 것을 입증했다. 마지막으로 흑점의 발견은 완벽한 천체와 변화무쌍하고 불완전한 지구를 구분한 아리스토텔레스의 생각이 틀렸다는 또하나의 증거를 제공했다.

코페르니쿠스 체계가 1610년대에 그렇게 뜨거운 쟁점이 된 것은 대체로 갈릴레이의 출판물들 덕분이었다. 갈릴레이는 새로운 천문학을 옹호하는 자신의 입장이 신학측과 과학측 모두에서 반대를 불러일으키고 있다는 것을 잘 알았다. 신학측에서 반대한 이유 중 하나는 코페르니쿠스 천문학과 성서가 일치하지 않기 때문이라는 것이었다. 구약의 여러 구절들은 태양이 하늘을 가로질러 움직이고 지구는 움직이지 않는다고 말했다. 흔히 인용되는 구절은 『여호수아서』에 나오는데, 그 구절에 따르면 히브리 사람들이 아모리 사람들에게 복수할 때 신이 지구를 환하게 밝히기 위해 하늘에서 태양과 달을 멈추었다고 한다. 지구가 움직인다는 견해를 성서를 토대로 반대하는 것을 미리 막아보고자 갈릴레이는 1615년에 『크리스티나 공작부인에게 보내는 편지Letter to the Grand Duchess

Christina』를 써서, 자연 지식과 계시된 지식이 부딪칠 때 어떻게 대처해야 하는지에 대한 자신의 견해를 분명하게 밝혔다. 여기서 그는 가톨릭교회의 교부들, 특히 성 아우구스티누스의 견해에 크게 의지했다. 이 견해의 핵심은 조절의 원리였다. 이 원리는, 성서는 신의 계시가 처음 내려진 비교적 덜 교육받은 사람들의 제한적인 지식에 맞춘 언어로 쓰여졌다는 것이다. 즉,『여호수아서』의 독자들이 지구가 제자리에 있고 태양이 그 주위를 움직인다고 믿었던 터라, 신의 말씀은 그들이 이해할 수 있는 말로 적혔다는 것이다. 성서에 나오는 신의 '오른손'이라는 언급이나 신이 분노 같은 인간의 감정들을 느꼈다는 말들은 문자 그대로 받아들일 게 아니라, 보편적으로 알고 있는 사실에 맞추어져 있는 것으로 봐야 한다는 데에 모두가 동의했다. 갈릴레이는 태양의 운동을 언급하는 성서 구절들에도 똑같은 태도를 취해야 한다고 주장했다. 갈릴레이가 채택한 또하나의 일반 원리는, 위에서 언급했듯이 성서는 구원과 관련한 문제들에서만 최우선으로 고려되어야 한다는 것이었다. 자연 지식과 관련한 문제들에서는 만일 성서에 적힌 말이 현존하는 최고의 과학과 모순되는 것처럼 보인다면 성서의 구절을 재해석할 필요가 있었다.

이 모두는 실제로 성 아우구스티누스가 4세기에 성서에 대해 취했던 접근법과 일치했다. 하지만 갈릴레이가 글을 쓰고 있던 시점은 종교개혁이라는 위기를 맞아 더 보수적인 견해들이 부상하던 때였다. 종교개혁은 16세기 초에 독일과 잉글랜드에서 시작되어 17세기 내내 유럽을 정치적·종교적으로 분열시켰다. 프로테스탄트 교파의 핵심 교리는, 중요한 것은 성서이고, 성직자들과 교리 선언을 통해서만 그리스도의 가르침을 이해해야 하는 게 아니라 신자들이 그들의 언어로 적힌 성서를 읽을 권리가 있다는 것이었다. 종교개혁에 대해 가톨릭교회는 수차례에 걸친 트리엔트공의회(1545~63)로 대응했다. 트리엔트공의회는 믿음과 도덕의 문제들에 대해 이렇게 선언했다.

> 자기만의 판단에 의존하고 성서를 자기 생각에 따라 왜곡함으로써, 성서의 진정한 의미를 판단하는 일을 하는 성모교회가 지지하는 의미에 반하여 성서를 해석하거나, 또는 신부들이 만장일치로 합의하는 것에 반하여 성서를 해석하려고 해서는 안 된다.

이러한 반종교개혁적인 교리의 배경 속에서, 갈릴레이는 성서의 어느 부분을 어떻게 재해석할 필요가 있다고 '성모교회'에 말할 수 있는 권한이 평범한 개인인 그에게 있다는 생각을 『크리스티나 공작부인에게 보내는 편지』에 암시한 것이다. 이로써 그는 오만할 뿐 아니라 위험한 프로테스탄트적 성향을 갖고 있다는 인상을 자아냈다. 그는 1632년에 『두 우주 체계에 관한 대화』를 학자들이 쓰는 라틴어가 아니라 평범한 사람들의 말인 이탈리아어로 펴냄으로써 이러한 인상을 더 짙게 했다.

1616년에 한 위원회가 코페르니쿠스 체계의 문제에 대해 종교재판소에 보고하라는 요청을 받았을 때, 그 위원회는 그것이 과학 교의로서 틀렸고 터무니없을 뿐 아니라, 성서의 가르침에 위배되기 때문에 공식적으로 이단에 해당한다고 선언했다. 갈릴레이는 로베르토 벨라르민 추기경 앞에 소환되었고, 추기경은 그에게 코페르니쿠스 천문학을 지지하지도 옹호하지도 말라고 지시했다. 이와 동시에, 출판된 이후 아무도 눈여겨보지 않았던 코페르니쿠스의 『천구의 회전에 관하여』가 그제서야 '수정'을 위한 출판 중지 처분을 받았다. 갈릴레이는 코페르니쿠스 체계와 성서에 대한 가톨릭교회의 태도에 새로운 관심을 불러모음으로써, 전자가 이단으로 규정되고 후자가 더 보수적 위치에 강고하게 뿌리내리는 데 기여했던 것이다.

1623년에 추기경 마페오 바르베리니가 교황 우르바누스 8세로 취임한 일은, 갈릴레이로서는 분명 자신의 기도에 대한 응답으로 느껴졌을 것이다. 바르베리니는 학식 있고 교양 있는 피렌체 사람이었다. 게다가 1611년 이래로 갈릴레이의 연구를 존경하며 적극적으로 지지해왔던 사람으로서, 1620년에는 「위험한 찬양Adulatio Perniciosa」이라는 시까지 지어서 망원경을 이용한 갈릴레이의 발견들에 찬사를 표했다. 1624년에 갈릴레이는 우르바누스 8세와 여러 차례 만났고, 그러한 자리를 통해 자신의 책에서 여러 가설들 가운데 하나로 간주하는 한은 코페르니쿠스의 이론을 논해도 된다는 것을 확신했다. 우르바누스는 전지전능한 신은 자신이 원하는 어떤 방식으로든 하늘을 움직일 수 있으며, 그러니 신이 어떤 방식으로 이렇게 움직이게 했는지 정확하게 알아냈다고 주장하는 것은 부적절하다고 주장했다. 갈릴레이는 그럼에도 불구하고 안심한 채로 로마를 떠나, 1632년에 『두 우주 체계에 관한 대화』라는 제목으로 출판될 책을 쓰기 시작했다.

문제는 여기서 시작되었다. 『두 우주 체계에 관한 대화』가 세 등장인물—아리스토텔레스 지지자, 코페르니쿠스 지지자, 상식적인 보통 사람—사이의 공정한 토론이라는 형식을 갖추었음에도, 코페르니쿠스 체계를 편드는 논증들이 기존의 지구 중심적 천문학을 옹호하는 논증들보다 훨씬 더 설득력 있다는 것을, 그리고 갈릴레이가 사실상 코페르니쿠스 체계를 선전하는 서적을 냄으로써 1624년에 우르바누스가 갈릴레이에게 내린 명령과 지시를 어겼다는 것을 대부분의 독자들은 분명하게 알 수 있었다. 게다가 그게 다가 아니었다. 아리스토텔레스파를 상징하는 인물의 이름이 '심플리치오'였다. 심플

3. 교황 우르바누스 8세, 마페오 바르베리니. 1632년에 잔 로렌초 베르니니가 그린 초상. 교황의 견해가 아리스토텔레스파 철학자 심플리치오의 입을 통해 표현된, 갈릴레이의 『두 우주 체계에 관한 대화』가 그해에 출판되었다.

리치오는 6세기의 한 아리스토텔레스파 철학자의 이름일 뿐 아니라 바보라는 뜻도 갖고 있었다. 더 심각한 도발은, 바보 심플리치오가 제시한 논증들 중 하나가 바로 1624년에 우르바누스가 갈릴레이에게 제시한 논증이었다는 것이다. 그것은 바로, 신은 자연의 결과들을 자신이 원하는 어떤 방식으로든 만들어낼 수 있고, 그러니 어떻게 해서 그렇게 되었는지를 설명하는 어떤 물리적 가설이 필연적인 진리임을 주장하는 것은 옳지 않다는 말이었다. 명백히 교황을 조롱하는 듯한 이 말은 갈릴레이의 불복종으로 인해 이미 심각한 상처를 입은 교황에게 개인적 모욕감까지 들게 했다. 게다가 타이밍이 이보다 더 나쁠 수 없었다. 『두 우주 체계에 관한 대화』는 1632년에 로마가 큰 정치적 위기에 빠져 있을 때 나왔다. 우르바누스는 30년전쟁의 와중에 프랑스에 대한 충성을 스페인에 대한 충성으로 바꾸는 중이었고, 그래서 방종을 허용할 상황이 아니었다. 그는 새로운 보수적인 동맹자들에게 종교적 믿음의 방어자로서의 결단력과 권위를 보여주어야 했다. 그리하여 갈릴레이는 로마로 소환되어 종교재판소에서 재판을 받게 되었다.

300년 후 미국에서 일어난 스코프스 재판에서와 같이, 1633년 갈릴레이의 재판은 결과가 뻔한 것이었다. 갈릴레이는 1616년에 그렇게 하지 말라는 분명한 명령을 받았음에도 이를 어기고 이단적인 코페르니쿠스 학설을 주창한 죄로 유죄판결을 받았다. 자연세계를 관찰과 추론을 통해 이해하려고 한 게 죄가 아니라 교회에 불복종한 것이 죄였다. 갈릴레이가 교황 우르바누스 8세와의 관계를 정치적으로 오판한 것은, 성서를 해석하는 일에서 자신의 권한을 벗어난 것 못지않게 그의 몰락에 커다란 영향을 미쳤다. 갈릴레이의 연구는 코페르니쿠스 학설이 마침내 성공하는 데 핵심적인 기여를 하게 되었고, 코페르니쿠스 학설은 원궤도를 타원궤도로 대체한 케플러라든지, 중력의 법칙을 발견한 뉴턴 같은 과학자들의 과학적 통찰을 통해 보완되던 무렵에 이르러 사실상 보편적으로 수용되었다. 하지만 1632년에는 코페르니쿠스 체계와 그 대안들(태양만 지구의 궤도를 돌고 나머지 모든 행성들은 태양의 궤도를 돈다고 했던 튀코 브라헤의 타협적인 가설을 포함한) 중에 어느 것이 나은지 확실히 말할 수 없었다. 따라서, 만일 어떤 객관적인 관찰자가 있었다면 이 과학적 질문에 대해 판단을 내릴 수 없는 열린 질문이라고 선언했을 것이고, 그럼으로써 교회가 선언한 성서의 가르침과 갈릴레이가 망원경을 통해 자연의 책에서 읽은 내용이 다를 때 어떻게 판단해야 하는지 결정하는 일을 한층 더 어렵게 만들었을 것이다.

보이는 것과 실재하는 것

역사가들은, 과학과 종교의 충돌로 기억되는 갈릴레이 사건이 실제로는 지식을 생산하고 전파하는 권한이 누구에게 있는가라는 오래된 정치적 질문과 관련된 분쟁이었음을 밝혀냈다. 로마에서 반종교개혁운동이 일어나고, 30년전쟁으로 유럽의 프로테스탄트 세력과 가톨릭 세력이 서로 대치하는 상황에서, 서로 경쟁하는 지식의 원천들에 대한 질문을 그 자신의 해석과 추론으로 해결할 수 있다는 갈릴레이의 주장은 극도로 건방진 태도이자 교회의 권위에 대한 직접적인 도전으로 보였다.

갈릴레이 사건은 과학과 종교에 대한 근대 논쟁들의 중심에 있었던 또 한 가지 철학적 질문인 '실재론 문제'를 실제로 보여주는 사례이기도 하다. 실재론에 대한 논증들은 특히 자기장, 블랙홀, 전자, 쿼크, 초끈 같은 관찰할 수 없는 실체들에 대해 과학 이론이 무엇을 말해야 하는지와 관련해 발생한다. 실재론자라면, 과학은 그러한 실체들을 정확하게 기술하는 일을 한다고 가정할 것이다. 반면 반실재론자라면, 그러한 기술들이 정확한지에 대해서는 불가지론적 입장을 유지하고, 과학은 관찰 가능한 현상을 정확하게 예측하는 일만을 한다고 생각할 것이다. 16세기와 17세기에 신학자와 철학자들 사이에서 천문학에 대해 반실재론적 입장 또는 '도구주의적' 입장을 취한 사람은 우르바누스 8세만이 아니었다. 그러한 입장에서 보면, 프톨레마이오스와 코페르니쿠스 체계는 별과 행성들의 겉보기 운동을 계산하고 예측하는 데는 쓰일 수 있지만, 신이 하늘의 구조를 만들 때 실제로 선택한 방식이 어떤 체계인지 밝혀낼 방법은 없었다. 실제로 코페르니쿠스의 『천구의 회전에 관하여』가 처음 출판될 때 그 책에 서문을 쓴 루터교회 목사인 안드레아스 오지안더(Andreas Osiander)는 그 이론이 물리적 기술로서가 아니라 순수하게 계산을 위한 도구로서 고안되었다고 밝혔다.

반면 갈릴레이는 실재론적 입장을 취했다. 실제로 그가 종교재판소에서 재판을 받게 된 것은 태양 중심적 체계의 물리적 실재를 옹호하는 입장을 굽히지 않았기 때문이다. 갈릴레이는 초창기 과학 학회들 중 하나로서 1603년에 페데리코 체시(Federico Cesi) 공이 설립한 스라소니 아카데미의 회원이었다. 스라소니는 어둠 속에서도 볼 수 있는, 다른 이들이라면 볼 수 없는 것까지도 볼 수 있는 동물로 여겨졌다. 망원경과 현미경 같은 새로운 과학 도구들을 이성의 힘과 수학의 언어와 결합함으로써, 갈릴레이와 그의 동료 '스라소니들'은 관찰 가능한 현상을 예측하는 유용한 모델을 찾는 것뿐 아니라, 그러한 현상들을 우주의 보이지 않는 구조 및 힘들의 관점에서 설명하는 것까지 목표로 삼았다. 그들은 성공하고 있는 것

4. 프란체스코 스텔루티의 〈멜리소그라피아Melissographia〉(1625). 갈릴레이가 제공한 현미경을 이용해 만들어졌으며, 교황 우르바누스 8세에게 헌정되었다.

처럼 보였다. 망원경을 이용한 갈릴레이의 천문학적 발견들에 더해, 현미경이 전에는 보이지 않았던 또다른 종류의 세계를 열어 보이고 있었다. 갈릴레이가 보낸 한 도구를 이용해, 1620년대에 체시 왕자는 최초라고 알려진 현미경적 관찰을 했다. 체시 왕자가 관찰한 벌들을 프렌체스코 스텔루티가 판화로 기록했고, 이는 우르바누스 8세로부터 스라소니 아카데미에 대한 승인을 받아내는 데 이용되었다. 우르바누스 가문의 문장에 세 마리의 큰 벌이 등장하기 때문이었다.

실재론자들과 반실재론자들 사이의 논쟁은 계속해서 과학철학의 생생하고 매혹적인 한 부분을 이루고 있다. 양측이 의지하는 기본적인 직관은 둘 다 매우 타당하다. 실재론자들의 직관에 따르면, 우리의 감각에 새겨진 인상은 인간 관찰자들로부터 독립적으로 존재하고 독립적인 속성을 갖는 외부세계에 의해 초래되므로, 문제의 실체들을 우리가 직접 관찰할 수 있든 없든 그 속성을 알아내려고 시도하는 것이 타당하다. 반실재론자들의 직관에 따르면, 개인적으로든 집단적으로든 우리가 발견한 모든 것은 우리에게 보여지는 세계의 모습이다. 사는 동안 우리 마음속에는 끊임없이 인상들이 새겨지고, 우리가 그러한 인상들을 그 인상을 남긴 대상의 본성과 비교하는 것은 불가능하다. 우리가 실재를 올바르게 기술했는지 확인하기 위해 현상의 베일을 걷어올리는 것은 단 한 순간도 불가능하다. 우리는 세계가 우리에게 남긴 인상 외에는 세계에 대한 어떤 지식도 가질 수 없고, 따라서 우리는 과학자들이 그러한 인상을 설명하기 위해 상정하는 숨겨진 힘과 구조들에 대해서는 불가지론적 입장을 고수할 수밖에 없다.

과학적 실재론에 대한 현대의 논쟁들은 주로 과학의 성공을 설명하는 문제를 다룬다. 실재론자들은 만일 전자 같은 실체들이 실제로 존재하지 않고 과학자들이 부여한 속성들을 실제로 갖고 있지 않다면 양자물리학 같은—관찰 불가능한 실체들을 상정함으로써 물리적 현상을 설명하고, 자연에 개입해 새로운 효과를 내고, 더 자세하고 정확한 예측을 하는—과학 이론들이 성공한 것은 기적일 것이라고 주장한다. 반실재론자들은 이에 대해 두 가지로 반론할 수 있다. 첫째로, 과학의 역사는 한때 가장 성공적인 이론이었지만 지금은 존재하지 않는 것으로 여겨지는 실체들을 상정했던 폐기된 이론들의 무덤이라고 말할 수 있다. 18세기의 연소 이론이 그런 경우다. 이 이론은 어떤 것이 연소할 때 '플로지스톤'이라는 성분을 방출한다고 주장했다. 또하나의 예는 19세기 물리학이 주장했던 '에테르'다. 전자기파의 확산에 필수적이라고 여겨졌던 물리적 매개다. 우리가 지금은 사실이 아니라고 생각하는 이론들이 과거에는 성공적인 예측들을 해냈으므로(수 세기 동안 큰 성공을 거둔 프톨레마이오스 천문학도 여기에 포함된다), 오늘날의 성공적인 이론들도 사실이라고 가정할 이유가 없는 것이다. 참인 이론들과 거짓인 이론들 모두 정확한 경험적 예측들을 생산할 수 있다.

반실재론자들의 두번째 논증은, 영향력 있는 20세기의 두 과학철학자인 토머스 쿤(Thomas Kuhn)과 바스 반 프라센(Bas van Fraassen)이 제기했다. 1962년에 처음 출판된 쿤의 저서 『과학혁명의 구조The Sturcture of Scientific Revolutions』는 이 분야의 고전이 되었으며 과학 지식에 관한 가장 널리 읽히는 책들 중 하나다. 이 책은 과학사에서 일어나는 '패러다임의 전환'에 주목했는데, 쿤은 코페르니쿠스 천문학이 프톨레마이오스 이론을 대체한 경우 또는 아인슈타인 물리학이 뉴턴의 고전역학을 대체한 경우와 같이 하나의 지배적인 세계관이 다른 것으로 대체되는 순간을 그렇게 불렀다. 쿤은 과학이 발전하는 과정을 다윈이 말한 변이와 선택의 과정으로 묘사했다. 그는 나중 이론들의 정확성과 예측 능력이 더 나은 것은 그 이론들이 실재를 사실대로 기술하는 쪽으로 발전했음을 보여주는 것이라고 생각하지 않았다. 그보다는, 그러한 이론들이 갖는 도구로서의 힘과 수수께끼 해결 능력이 개선되었기 때문에 제기된 여러 이론들 가운데서 과학계의 선택을 받은 것이라고 생각했다. 바스 반 프라센도 자신의 1980년 저서 『과학의 이미지The Scientific Image』에서 과학의 성공에 대한 '다윈주의적' 설명을 이용했다. 그는 (자연이 부적응적인 변이들을 폐기하듯이) 과학자들이 잘못된 예측을 하는 이론들을 폐기하고 제대로 예측하는 이론들을 선택하기 때문에, 시간이 흐를수록 이론들의 예측 능력이 개선되는 것은 기적 같은 일이기는커녕 놀랍지도 않은 일이라고 주장했다. 그러한 이론들이 선택된 것은 도구로서 성공했기 때문이며, 그러한 성공을 설명하기 위해 관찰 불가능한 실재들을 거론할 필요가 전혀 없다는 것이다.

과학과 종교는 관찰 가능한 것과 관찰 불가능한 것의 관계에 공통의 관심을 갖고 있다. 「니케아신경Nicene Creed」에는 신이 "보이는 것과 보이지 않는 모든 것"을 만들었다는 진술이 있다. 성 바울은 『로마서』에 "하느님께서는 세상을 창조하신 때부터 창조물을 통하여 당신의 영원하신 능력과 신성과 같은 보이지 않는 특성을 나타내 보이셔서 인간이 보고 깨달을 수 있게 하셨습니다"라고 썼다. 하지만 신학자들 사이에도 반실재론자들이 있다. 이들의 직관은 과학계의 반실재론자들의 직관과 비슷하다. 신에 대한 우리의 생각을 신의 실재하는 모습과 맞춰볼 방법이 (적어도 아직까지는) 없고, 따라서 성서, 전통, 이성에서 비롯된 신에 대한 명제들을 문자 그대로의 사실로 취급할 것이 아니라 단지 인간의 경험과 생각을 이해하기 위한 시도로 취급해야 한다는 것이다. 신학적 반실재론이 극단으로 가면 무신론과 비슷해 보일 수 있다. 정통에 더 가까운, 신비주의적인 '부정'신학도 있다. 부정신학은 신의 초월성과 인간의 불완전한 인식 능력 사이의 간극을 강조하고, 인간의 특정한 표현에 신의 실재를 담을 수 있다는 가정은 주제넘은 것이라는 결론을 이끌어낸다. 이러한 태도가 갖고 있는 문제는, 만일 인간의 이성이 신의 속성들에 대해 참인 진술을 전혀 할 수 없을 만큼 불완전하다면 신이 존재한다는 진술도 큰 의미가 없어진다는 것이다. 그러한 이유로 많은 사람들은 현상의 베일을 걷어올려 실재를 발견하는 불가능해 보이는 일을 할 수 있기를 바라면서, 보이는 것 너머의 보이지 않는 것을 찾는 시도를 계속해왔다.

베일 너머를 보았다고 믿는 사람들 사이에서는, 그곳에서 무엇을 발견했는지에 대한 말들이 상충한다. 비인격적인 우주기계, 또는 움직이는 물질의 혼돈, 또는 엄격한 자연법칙들의 지배를 받는 체계, 또는 자신의 피조물 안에서 그리고 창조를 통해서 행동하는 전지전능한 신. 이 가운데서 우리는 어떤 것을 믿어야 할까?

제 3 장

신은 자연 속에서 행동할까

초자연적인 징조와 기적은 신이 부여한 특별한 권위를 갖고 있는 개인, 활동, 기관을 가려내는, 역사적으로 중요한 사회적 기능을 수행해왔다. 기적을 행하는 능력은 혁명가, 스승, 선지자, 성자, 심지어는 특정한 장소와 물리적 사물들에도 부여되었다. 모든 힘들 가운데서 가장 불가항력적인 자연의 힘에 저항하는 능력은 박해, 가난, 자연재해에 처한 많은 인간사회에 용기와 희망을 제공해왔다.

한 예로 아가타(Agatha)라고 불리는 초기 기독교 순교자의 이야기를 살펴보자. 이 아름답고 정결한 젊은 여성은 3세기 시칠리아의 박해받던 기독교도 집단의 구성원이었다. 그녀는 한 로마 총독의 성적인 접근을 거부했다가 매음굴로 추방되는 처벌을 받았다. 전설에 따르면 아가타는 순결과 신앙 중 어느 한쪽을 포기하기를 거부하자 더 심한 고문과 처벌에 처해졌으며 집게로 유방이 잘리기까지 했다고 한다. 로마 가톨릭 성화상에서 아가타는 절단된 유방이 놓인 접시를 들고 있는 모습으로 묘사되곤 한다. 그녀의 상처는 성 베드로가 꿈에 나타났을 때 기적적으로 치료되었지만, 그후 불타는 석탄과 깨진 유리 위로 질질 끌려다니는 등 더 심한 벌에 처해졌다. 전해지는 이야기에 따르면, 이 마지막 처벌이 진행되는 동안 신이 지진을 일으켜 여러 명의 로마 총독을 죽였다고 한다. 그 일이 있은 직후에 아가타도 옥중에서 죽었다.

하지만 동정녀이자 순교자인 성녀 아가타의 이야기는 거기서 끝나지 않는다. 그녀가 죽은 뒤 시칠리아의 카타니아 사람들은 그녀를 자신들의 보호자이자 수호성인으로 삼았다. 그 지역에 전승되는 이야기에 따르면, 아가타가 죽고 나서 이듬해에 에트나 화산이 폭발했는데, 순교자의 베일을 그쪽으로 들어올리자 용암이 방향을 바꾸었고 그래서 그 도시는 피해를 입지 않았다고 한다. 베일은 이후 여러 차례의 화산 폭발 때에도 똑같은 기적으로 카타니아의 주민들을 보호해주었다고 전한다. 1743년에 카타니아로 흑사병이 퍼지는 것을 막을 수 있었던 게 성녀 아가타의 중재 덕분이었다고 믿는 사람들도 있다. 이러한 사례들에서 알 수 있듯, 사람들은 신의 행위

5. 17세기 화가 프란시스코 데 수르바란이 그린, 유방이 놓인 접시를 들고 있는 성녀 아가타.

라고 여겨지던 자연재해로부터 자신들을 보호하기 위한 방책으로 특정한 성자의 초자연적인 개입을 구했다. 자연적 행위자와 초자연적 행위자 사이의 상호작용이 어떻게 일어나는지는 분명치 않지만, 그 메시지는 분명하다. 신은 카타니아 사람들을 보살피는데, 이것은 그들과 성녀 아가타의 관계 때문이다.

신이 직접적으로든 아니면 특별하게 선택된 성자와 선지자의 중재를 통해서든, 자신의 의지를 관철시키기 위해 자연법칙을 위반할 수 있다는 것은 세계의 모든 주요 종교들이 주장하는 바다. 모세에게, 성 바울과 사도들에게, 그리고 대천사 가브리엘을 통해 무함마드에게 신의 계시가 내려진 것 자체를 사람들은 기적이라고 믿는다. 성서는 모세가 홍해를 갈랐고, 신이 이집트인들을 처벌하기 위해 역병을 보냈으며, 신이 택한 사람들을 먹이기 위해 하늘에서 만나를 제공했다고 기록한다. 복음서들은 예수가 물위를 걷고 아픈 사람들을 치료하고 죽은 자를 되살리고 십자가에서 죽은 뒤 기적적으로 부활했다고 주장한다. 코란에는 모세와 예수가 행한 기적들이 적혀 있는데, 그중에는 예수가 진흙을 새 모양으로 빚어 숨을 불어넣음으로써 새를 창조했다고 하는, 성서에는 없는 이야기도 있다.

무함마드가 직접 기적을 행했는지에 대해서는 이슬람교도

들 사이에 논쟁이 있어왔지만, 코란에는 달이 쪼개진 일이 언급되어 있으며, 이 사건은 무함마드의 예언자로서의 지위를 확인시켜주는 기적으로 해석되었다.

기적에 대한 보고들은 오늘날까지도 이어지고 있다. 그러한 기적들은 대개 기적의 치료라는 형태를 띤다. 프랑스 루르드에 있는 성모마리아 성지를 찾는 순례자들, 또는 신성한 치료를 제공하는 카리스마 있는 설교자들이 주재하는 부흥회에 오는 사람들은 그러한 기적을 구하려는 것이다. 종교적인 조각상이 피를 흘리거나, (1995년 9월에 뉴델리에서 있었던 일처럼) 우유를 마신다는 보고가 이따금씩 전해진다. 힌두교의 신들인 가네시와 시바의 조각상들이 몇 숟가락 분량의 우유를 마신 것 같다는 소문이 퍼졌을 때, 인도뿐 아니라 전 세계에서 그 현상을 따라했다. 영국에서는 일부 슈퍼마켓에서 우유의 수요가 급증했다. 대부분이 그렇듯이 이 경우에도 합리적이고 과학적인 설명이 곧 제공되었다. 모세관 현상(스펀지와 종이 타월이 액체를 흡수할 때 일어나는 것과 같은 과정)에 의해 숟가락에서 액체가 빨려들어갔고, 그런 다음에 조각상의 전면을 타고 흘러내린 것이었다. 정치적인 설명도 준비되어 있었다. 인도의 여당인 국민회의당은 야당 세력인 힌두계 민족주의자들이 선거에서 이기기 위해 기적에 대한 소문을 퍼뜨리고 있다고 주장했다. 한 힌두계 우파 정당의 지도자는 그 기적을 변호하면서 이렇게 말했다. "기적을 받아들이지 않는 과학자들은 헛소리를 지껄이고 있는 것이다. 그들의 대부분은 무신론자이며 공산주의자들이다."

징후, 경이로운 일, 기적은 세계의 여러 종교들에서 중심 위치를 차지한다. 그러한 일들은 특정한 개인들의 특별한 지위를 보여주는 증거로, 특정 교의가 진리임을 입증하는 증거로, 또는 어떤 세력의 세속적이고 정치적인 포부를 지지하는 증표로 쓰인다. 어떤 신자들은 그러한 일들을 신의 실재와 권능을 증명하는 분명한 증거라며 환영하지만, 그런 일들에 당황스러워하는 사람들도 있다. 기적에 대한 보고들은 어떤 초자연적인 현상이라기보다는 희망적 사고, 잘 속는 성질, 사기치기 같은 인간의 약점들에서 비롯된 것인 경우가 허다한 듯하다. 그러한 일들은 종교를 미신적이고 원시적으로 보이게 만들 수 있다. 회의주의자들뿐 아니라 신자들도 과학의 시대에 기적과 초자연적인 현상에 대한 이야기들을 믿어도 되는지 의문을 품는다. 그리고 이 장에서 살펴보겠지만, 기적을 둘러싼 신학적, 철학적, 도덕적 질문들은 과학적인 질문들만큼이나 답하기 쉽지 않다.

신학자들의 딜레마

신학자들도 참 안됐다! 그들은 세상에서 신이 하는 행동을 이해하려고 할 때 해결이 불가능해보이는 딜레마에 봉착한다. 신이 자연세계에서 행동하는 방식이 기적을 통한 개입이라고 말할 경우, 그들은 왜 신이 어떤 경우에만 행동하고 다른 수많은 경우에는 행동하지 않는지, 왜 기적은 증명이 잘 안 되는지, 기적이 우주에 대한 과학적 이해와 어떻게 양립하는지 설명해야 한다. 또 한편으로 신이 특별한 기적을 통해 개입한다는 것을 부정할 경우, 그들의 신앙은 이신론과 별로 다르지 않아 보이게 된다. 그것은 신이 우주를 창조했지만 우주에서 활동하지는 않는다는 믿음이다. 신이 실재한다면, 우리가 적어도 신의 어떤 특별한 행위들을 알아볼 수 있어야 하지 않을까? 신학자는 기적을 일으키고 이따금씩 우주를 손보는 변덕스러운 신과, 이 세계에 부재하고 무관심하고 흔적을 찾을 수 없는 신 사이에서 한쪽을 선택해야 한다. 어느 쪽도 사랑과 경배의 대상으로 적합해 보이지 않는다.

신학자의 일은, 위에서 지적한 신에 대한 두 가지 탐탁지 않은 묘사를 피하면서 신이 자연에서 그리고 자연을 통해 어떻게 행동할 수 있는지를 논리적으로 표현하는 것이다. 신학자들은 이 일을 위해 다양한 방식의 구별을 두었다. 한 가지는, 모든 실재의 근본 원인인 신과, 신의 목적들을 이루기 위해 동원되는 부차적인 자연적 원인들을 구별하는 것이다. 다른 하나는, 신의 '일반 섭리'—자연과 역사가 신의 의지에 따라 전개되도록 설정되어 있는 방식—와, 신의 권능이 더 직접적으로 드러나는 '특별한 섭리'인 기적을 구별하는 것이다. 특별한 섭리의 행위들이 성서에 입증된 소수의 사건들, 또는 소수의 중요한 선지자들의 삶과 관련한 사건들에만 한정된다면, 세계에 대한 신의 개입은 덜 변덕스러워 보일 것이다. 기독교에도 이슬람교에도 신이 기적과 계시를 통해 자신을 드러내는 시대는 끝났다고 믿는 사람들이 존재한다.

신학자들의 딜레마를 보여주는 한 예로 루르드의 사례를 살펴보자. 피레네산맥 기슭에 있는 이 마을—소농의 딸로 문맹인데다가 천식까지 앓던 소녀 베르나데트가 1858년에 성모 마리아의 발현을 본 장소—에는 매년 수백만 명의 순례자들이 몰려온다. 수천 명이 베르나데트가 발견한 샘물을 먹거나 그 물로 목욕하고 나서 병이 기적적으로 나았다고 주장한다. 교회는 그러한 치료를 자연적 원인으로 충분히 설명할 수 있다는 것을 잘 알았다. 진단이 잘못되었을 수도 있고, 병이 예기치 않게 차도를 보였을 수도 있다. 심리적 원인으로 병이 치료되는 경우도 드물지 않다. 이러한 이유들로 인해, 병이 치료되었다는 사례를 기적으로 선언하기 전에 일련의 정교한 조사가 이루어진다. 루르드 국제의학위원회가 임명한 의사들은 애초의 진단, 그리고 루르드에서의 치료가 갑작스럽고 완전하며 영구적인 것이라는 증거가 모두 믿을 수 있는 것인지 조사하고 확인해야 했다. 의사들이 자연적 또는 의학적 설명이 전혀 불가능하다고 절대적으로 확신한 극소수의 사례가 교회의 당국자들에게 보고되어, '신의 흔적'으로 선언된다. 1858년 이래로 교회는 루르드에서 치료되었다는 수천 건의 주장 가운데 67건만을 기적으로 선언했다. 그 목록에 추가된 가장 최근의 사례는 안나 산타니엘로의 사례로, 그녀는 1952년에 루르드를 방문하는 동안 중증 천식과 급성 관절염을 포함한 일군의 증상들에서 갑자기 회복되었다. 교회는 그녀의 사례를 기적적인 치료로 선언하기 전까지 50년간 숙고했다.

이러한 주의깊고 까다로운 절차를 통해, 루르드에서 치료되었다는 주장의 극히 일부만을 기적으로 선언하는 것은, 교회가 신뢰를 잃지 않으면서도 특별한 섭리에 대한 전통적 믿음을 유지해야 할 필요가 있음을 드러내는 것이다. 놀라운 기적의 사례들을 너무 많이 성급하게 주장하면 맹신한다는 인상이나 신이 지나치게 개입한다는 인상을 줄지도 모른다. 반면, 초자연적인 존재가 신자들의 일상에 어떤 식으로든 개입할 수 있다는 생각은 가톨릭 신앙의 초석이라서, 실제로 개입했다는 주장은 가톨릭교회의 교의적 주장과 세속적 권위를 떠받쳐준다. 19세기에 루르드가 순례지로 성장한 것은, 가톨

6. 루르드로 몰려온 순례자들이 베르나데트가 성모마리아의 발현을 체험한 장소에서 기도하는 모습을 담은 19세기 그림. 동굴 안에 마리아상이 있고, 병이 나은 사람들의 목발이 그 앞에 걸려 있다.

릭교회가 세속적이고 합리적인 많은 사람들의 비난에 직면한 시점에 대중이 프랑스의 가톨릭교회에 지지를 표한 증거로 볼 수 있다.

"마치 신이 틈새에 살고 있기라도 한 듯"

전통적으로 프로테스탄트 신학자들은 가톨릭 신학자들보다 기적(성서에 기록된 것 외의 기적들)에 더 의구심을 품었다. 종교개혁 시기에 프로테스탄트들은 가톨릭교회가 성인, 특히 성모마리아를 숭배한다는 점과, 성지가 기적을 일으킨다는 것을 믿는다는 점을 들어, 로마 가톨릭교회가 미신과 우상을 숭상한다고 묘사했다. 최근 들어 프로테스탄트의 복음주의 교파와 오순절 교파가 치료와 방언 같은 경이로운 사건과 기적을 끌어들였다. 하지만 프로테스탄트 신앙에서는 기적의 시대는 갔고, 신의 활동은 특별한 개입에서가 아니라 자연과 역사 전반에서 나타난다고 주장하는 전통이 계속 이어지고 있다.

기적에 대한 이러한 해석을 잘 보여주는 두 명의 프로테스탄트 신학자가 있다. 독일 사상가인 프리드리히 슐라이어마허(Friedrich Schleiermacher)는 '기적'에 관해, 자연법칙을 위반하는 사건이라기보다는 "어떤 사건에 대한 단순한 종교적인 명칭"이라고 재정의했다. 다시 말해, 기적은 신자들의 눈에 그렇게 보이는 것이라는 이야기다. 거의 1세기 뒤인 1893년에 보스톤에서 열린 몇 차례의 강연에서, 스코틀랜드 복음주의파 신학자인 헨리 드러먼드(Henry Drummond)는 기독교도가 진화론에 대해 가져야 하는 태도에 대해, 기적은 "순식간에 이루어지는 어떤 것이 아니다"라고 청중들에게 말했다. 그보다는 천천히 일어나는 진화의 전 과정이 기적이라고 했다. 그 과정을 통해 신은 산과 계곡, 하늘과 바다, 꽃과 별을 만들었을 뿐 아니라, "우주에 있는 다른 모든 것들 가운데 시간이 지날수록 점점 더 확실하게 인류의 이성과 가슴을 매혹하는 것인 사랑을 만들었다. 사랑은 진화의 최종 결과물이다". 즉, 자연적이든 초자연적이든 특정한 과정이 아니라 그 산물인 사랑이 진정한 기적이라는 말이었다.

같은 강연에서 드러먼드는 '틈새의 신'이라는 개념을 소개했다. 그는 "마치 신이 틈새에 살고 있기라도 한 듯 자연의 영역들과 과학의 책들을 쉼 없이 살피면서 틈새들—신으로 채울 틈새들—을 찾는 신앙심 있는 사람들"에 대해 이야기했다. 그는 모르는 것이 아니라 아는 것에서 신을 찾아야 한다고 말했다. 만일 신이 이따금씩 하는 특별한 행동에서만 신을 발견할 수 있다면 결국 신이란 대부분의 시간 동안에는 이 세계에 없다는 말이 된다고 지적했다. 모든 것에 존재하는 신과 이따금씩 일어나는 기적으로만 존재하는 신 중에서 어느 쪽이 더 고귀한 개념일까? 드러먼드는 "이따금씩 기적을 일으키는 오래된 신학의 신보다는 모든 곳에 편재하는 신, 즉 진화의 신이 훨씬 더 대단하다"는 결론을 내렸다.

자연적·과학적 설명이 불가능한 사례들에서만 신의 흔적을 발견하는 루르드의 의학위원회와, 진화론의 약점을 토대로 설계자 논증을 펼치는 '지적설계'의 옹호자들은 모두 현 지식의 틈새에만 존재하는 신을 옹호한다는 점에서 드러먼드의 비판을 면치 못할 듯하다. 드러먼드가 청중에게 물었듯이 "이러한 틈새들이 채워지면 우리는 어느 곳을 쳐다봐야" 할까? 한편, 모든 곳에 편재하는 드러먼드의 신과, 자연세계의 창발적인 복잡성에서 신의 활동을 보는 현대 신학자들의 신은 어떻게 이해해야 할까? 만일 신이 모든 자연 과정에 동등하게 존재하고, 인간의 모든 행동과 역사의 모든 사건에도 동등하게 존재한다면, 신이 악하거나 무관심하기보다는 선하다고 주장할 수 있을까? 혹은 신이 인간의 삶에 특별한 관심이 있다고 주장할 수 있을까?

현대과학의 전체 역사를, 자연세계에 대한 현 지식의 틈새에 신을 끼워넣어서는 안 된다는 드러먼드의 경고를 강조하는 우화로 읽을 수 있다. 아주 유명한 예를 하나 살펴보자. 아이작 뉴턴은 우리 태양계의 행성들이 어째서 서서히 느려지거나 태양 쪽으로 끌려가지 않고 자신의 궤도를 지키는지, 또는 서로 멀리 떨어져 있는 별들이 어째서 중력에 의해 서로 가까워지지 않는지와 같은 질문들에 직면하면, 항성과 행성이 올바른 위치에 머물도록 이따금씩 신이 개입하는 것이 틀림없다는 가설을 꺼내들 준비를 하고 있었다. 뉴턴의 라이벌이자 비판자였던 독일인 G. W. 라이프니츠는 신학적 근거를 토대로 이 가설을 공격했다. 라이프니츠는 1715년에 쓴 한 편지에서, 뉴턴의 신은 애초에 제대로 작동하는 우주를 만들 만한 예지력을 갖지 못했으므로 자신이 만든 시계를 수리하는 시계공처럼 "이따금씩 시계태엽을 감고" "때때로 그것을 청소하고" "심지어는 수리도 해야" 했다고 썼다. "결과적으로 그는 자신의 작품을 더 자주 수리하고 고칠수록 더 무능한 일꾼이 되는 것"이다. 라이프니츠는 우주에 대한 신의 개입을 완벽하고 완전한 예지력에 의한 것으로 보았다. 18세기와 19세기 사이에 태양계에 대한 이론적·수학적 모델들이 훨씬 더 정확해지면서, 더 과감한 주장을 하는 사람들이 늘어났다. 나폴레옹이 우주에서 신의 자리가 어디냐고 물었을 때 프랑스 물리학자 피에르 시몽 드 라플라스(Pierre Simon de Laplace)는 "그것을 위한 가설은 필요없다"라고 주장했다고 한다.

지질학, 자연학, 생물학의 역사들은 특별한 신의 행동(지질학의 경우는 홍수나 화산이나 지진, 자연학의 경우는 서로 다른 종을 따로 창조한 것, 생물학의 경우는 지적설계자로서 생물들을 각자의 환경에 제각기 개별적으로 적응시킨 것)이 과학계에서 점점 밀려나면서 더 점진적이고 균일하고 법칙과 비슷한 자연 과정으로 대체되는 비슷한 패턴을 보여준다. 다음 장에서 살펴볼 텐데, 베르나데트가 루르드에서 성모마리아의 발현을 체험한 때로부터 1년 뒤에 출판된 찰스 다윈의 『종의 기원』은 신을 거론하긴 했지만 자연법칙의 저자로서만 언급했다. 자연법칙은 물질에 적용될 때 매우 경이로운 결과들을 만들어낼 수 있어서 창조주의 어떤 추가적인 개입도 필요 없는 '부차적 원인'이었다.

자연법칙

종교적 믿음의 토대를 무너뜨리는 것은 근대과학의 선구자들—아이작 뉴턴, 로버트 보일, 르네 데카르트 등—이 의도했던 게 결코 아니었다. 오히려 그들은 자연이 수학 법칙들의 지배를 받으며 기계적으로 상호작용하는 질서정연한 체계라고 생각했고, 사람들이 이러한 새로운 비전에서 신의 권능과 지적 능력에 대한 가장 확실한 증거를 보기를 바랐다. 1630년에 데카르트는 가톨릭 신학자 마랭 메르센에게 보낸 편지에 이렇게 썼다. "왕이 자신의 왕국을 관장하는 법을 정하듯이 신은 자연을 관장하는 수학 법칙을 정합니다." 또한 초창기 근대

과학자들의 대부분은, 평상시 자연이 작동하는 규칙적인 방식을 결정한 신이 자신이 원할 때마다 평상시의 자연 과정을 중지시키거나 바꿀 수 있다는 개념을 당연하게 받아들였다. 그럼에도 불구하고 그들이 선택한 방법론은 신을 자연법칙에 개입하는 기적 제조자가 아니라 설계자이자 법률가로 보는 관점을 취했다. 이 과학의 선구자들이 시작한 공동의 사업은 자연현상이 정확한 수학식으로 표현할 수 있는 엄격한 법칙의 지배를 받는다는 가정을 토대로 진행되어왔다. 많은 사람들이 전제한 또하나의 가정은, 이 법칙들이 결국에는 단 하나의 통일된 이론으로 환원될 것이라는 점이다. 과학이 자연을 그러한 법칙의 관점에서 온전히 설명할 수 있다는 것이 곧 신이 자연에서 행동할 여지가 없다는 증거일까?

꼭 그렇지는 않다. 자연법칙에 대해 생각하는 방식에는 여러 가지가 있다. 자연법칙들을 모든 실재하는 것을 속박하는 실체 또는 힘으로 볼 필요는 없다. 자연법칙을 좀더 느슨하게 해석할 수도 있다. 즉, 특정한 맥락(대개 실험실에서만 만들어지는 매우 제한적인 실험적 조건들)에서 특정한 체계들이 보이는 행동을 기술하는 데 있어서 지금까지 우리가 도달한 최고의 경험적 일반법칙〔현실에서 경험할 수 있는 개별적 사실에서 도출한 일반적 법칙〕으로 보는 것이다. 또한 물리학의 법칙들이 생물학, 사회학, 일반 경험을 통해 획득한 지식보다 더 '근본적'

이라고 생각할 필요도 없다. 양자이론은 원자와 아원자를 다룰 때는 매우 정확한 경험적 예측을 제공할 수 있지만, 지질학, 재료과학, 심리학으로 더 잘 설명할 수 있는 화산, 베일, 성모마리아 같은 더 크고 복잡한 체계들에는 적용할 수 없다. 게다가 물리학의 가장 성공적인 두 이론인 일반상대성이론과 양자역학은 둘 다 보편적으로 적용되지만 양립 불가능하다. 과학철학자 낸시 카트라이트(Nancy Cartwright)가 말했듯이, 현대과학이 증명해 보인 것은 우리가 모든 시공간에 적용되는 단 한 세트의 체계적인 자연법칙들이 지배하는 세계에 살고 있다는 사실이 아니라, 갖가지 질서가 창발하는, 또는 창발하게 만들 수 있는 "얼룩덜룩한 세계"에서, 서로 다른 과학 이론들(물리학에서부터 생물학과 경제학에 이르는)을 짜깁기한 조각보를 이용해 살고 있다는 사실이다. 조각보를 이루는 각 세트의 법칙들 가운데 어느 것도 모든 영역에 두루 적용할 수 없다.

현대과학이 기적이 불가능하다는 사실을 보여주었다고 하는 몇몇 논쟁적인 무신론자들의 주장 이면에는 자연세계가 결정론적이라는 또하나의 가정이 놓여 있다. 다시 말해, 만일 우리가 물질세계의 현상태와 그 세계를 지배하는 법칙들에 대해 완벽하게 안다면, 사실상 그 세계의 미래에 대해서도 완벽하게 알 수 있다는 (그리고 그 미래도 과거처럼 고정되어 불변할 것이라는) 믿음이다. 하지만 이러한 믿음은 경험이나 과학으로 증명할 수 있는 것이 아니다(무엇보다도 우리는 이 가설을 증명하는 데 필수적인 전지전능한 위치에 도달할 가망이 없기 때문이다). 결정론에 대한 믿음은 물질, 인과성, 자연법칙 같은 기본 개념들에 대한 서로 관련된 다양한 가정들에 의거한다. 하지만 전문적인 철학자들이 자주 반복해서 증명했듯이, 논란의 여지가 없게끔 분명하게 정의하려고 시도하면 빠르게 무너지기 시작하는 것이 그러한 기본 개념들의 성질이다.

양자역학

이렇듯 어떤 종류의 결정론을 방어하는 것은 고사하고 분명하게 설명하는 것도 철학적으로 상당히 곤혹스러운 일이다. 그런데 여기에 더하여, 결정론에 대한 중요한 과학적 도전이 20세기 초에 양자역학이라는 형태로 나타났다. 양자이론은 매우 작은 것의 세계—원자와 아원자 입자들의 행동—를 이해하려는 물리학자들의 시도에서 나왔다. 막스 플랑크(Max Planck)와 알베르트 아인슈타인(Albert Einstein)은 당시에 전자기파라고 생각했던 빛이 마치 개별적인 입자들로 이루어져 있는 듯 행동하기도 한다는 것을 보여주었다. 이러한 빛 입자는 '광자'라고 알려지게 되었다. 이후 1920년대에 에어빈

슈뢰딩거(Erwin Schrödinger)와 베르너 하이젠베르크(Werner Heisenberg) 같은 선구자들이 세운 양자이론들은 다방면에 영향을 미쳤고, 그 이론들에 대한 해석은 지금까지도 논란의 대상이다. 아인슈타인 본인조차, 주류가 된, 양자이론에 대한 확률적이고 비결정론적인 해석에 불만을 드러내며 "신은 우주를 가지고 주사위 놀이를 하지 않는다"라고 말했다. 지금도 아인슈타인의 불만에 동조하는 철학자들과 물리학자들이 존재한다. 결정론적인 설명을 본능적으로 선호하는 그들은 양자물리학의 법칙들에 대한 다른 해석을 발견할 수 있기를 희망한다.

양자이론이 논란이 되고 있는 가장 큰 이유는 그것이 고전적인 뉴턴역학의 기본 가정들을 뒤엎는 것처럼 보이기 때문이다. 양자이론은, 물리학이 안정된 물질 입자들 사이에서 일어나는 일련의 결정론적 상호작용으로 환원될 수 없음을 암시한다. 양자이론에 따르면, 양자나 전자 같은 실체들은 입자인 동시에 파동이다. 파동처럼 행동할지 입자처럼 행동할지는 실험 장치가 이들과 어떻게 상호작용하느냐에 달려 있다. 또한 하이젠베르크의 불확정성 원리는 한 양자의 운동량 또는 위치를 알 수 있지만 둘 다 알 수는 없다고 말한다. 마지막으로, 양자이론에서는 관찰자가 단지 데이터를 입수하는 수동적인 존재가 아니라 적극적인 기여자로서 중요한 역할을 한다.

양자 시스템은 관찰될 때까지는 결정적인 값을 가지지 않는 확률적인 '파동방정식'의 지배를 받는다. 관찰 행위는 '파동방정식의 붕괴'로 이어져, 계가 한 가지 결정적인 상태, 즉 저 위치가 아닌 이 위치가 되게 만든다고 일컬어진다. 관찰하기 전에는 계가 모든 관찰 가능한 상태들로 이루어진 일종의 '구름'으로 존재하다고 여겨지며, 계가 각 상태에 처해질 확률은 저마다 다르다.

양자물리학의 발견들 중 몇 가지만을 이렇게 간단하고 비전문적으로 요약하는 것만으로도 우리가 고전적인 물질주의적 결정론의 세계로부터 얼마나 멀리 왔는지 알기에 충분할 것이다. 양자역학은 가장 기본적인 수준에서는 물질적 실재가 결정론적이지 않음(그리고 심지어는 '물질적'인 것처럼 보이지도 않음)을 암시한다. 우리는 안심하고 떠올릴 수 있는 시계처럼 돌아가는 계몽주의 시대의 우주가 아니라, 구름, 파동방정식, 확률의 세계에 살고 있다. 또한 양자이론은 물리적 세계가 객관적이며 인간 관찰자로부터 독립적으로 존재한다는 생각을 와해시킨다. 관찰 또는 측정 행위가 파동방정식을 붕괴시키기 때문이다. 우리가 날마다 경험하는 뉴턴 물리학의 안정된 물리적 세계는 어떤 면에서는 측정됨으로써만 존재하게 된다.

양자물리학은 현대과학의 빼놓을 수 없는 핵심이고, 그것이 제공하는 물리적 실재가 매우 이상하고 불확정적이라는 사실은 당연하게도 철학과 종교 사상가들에게 매우 흥미로운 것이었다. 관찰자가 계의 일부로 통합되고 결정론이 부정되는 새롭고 더 전일적인 자연철학에 대한 전망은, 전통적인 종교에서부터 보다 현대적인 '뉴에이지' 이념들에 이르는 서로 다른 세계관을 옹호하는 사람들에게 매력적으로 다가온다. 양자물리학을 신이 행동할 수 있는 영구적인 '틈새'를 제공하는 원천으로 이용하려는 신학자들의 시도는 엇갈린 반응을 불러일으켰다. 우선, 그러한 시도는 왜 신이 어떤 때는 행동하고 어떤 때는 행동하지 않는가라는 회의론자들의 질문에 답하는 데 아무런 도움이 되지 않는다. 또한, 자연법칙의 노예가 아니라 저자인 신은 양자 시스템의 상태를 조작할 필요 없이 그 시스템을 무시하거나 중지시킬 수 있다고 주장하는 신자들을 만족시키지도 못한다.

제1원인

하지만 물리적 우주의 기본 법칙들 그 자체야말로—그러한 법칙들의 중지, 위반, 조작보다—신의 의도를 보여주는 가장 강력한 증거가 될 것이다. 이것은 많은 철학자, 신학자, 과학자들이 수 세기에 걸쳐 제안한 간단한 생각으로 돌아가는 것이다. 즉, 우리는 자연현상들을 일반적으로는 여타 부차적인 자연적 원인들의 관점에서 설명할 수 있지만, 어느 지점에 가면 무한 회귀를 피하기 위해 제1원인, 즉 '궁극적인 작용인'을 상정해야 하고, 세계에 대해 우리가 갖고 있는 지식에 의거하면 이 궁극적인 작용인은 많은 사람들이 성서와 종교적 경험을 통해 만난 신으로 볼 수 있다는 것이다.

자연과학은 제1원인의 문제를 해결하는 일에서 우리를 도울 수 없을 것이다. 과학은 왜 아무것도 없는 대신 어떤 것이 존재하는지 말해줄 수 없다. 우주 이론들은 존재하는 어떤 것이 어떻게 작동하고 그것이 과거, 현재, 미래, 심지어는 수많은 평행우주나 다른 차원들에 존재했거나 존재하는 다른 것들과 무슨 관계인지 설명하는 일을 할 수 있다. 빅뱅과 우주대수축, 초끈과 막, 양자요동과 다중우주에 대한 이론들이 시도한 일이 바로 그것이다. 하지만 물리학은 그것을 넘어 우리가 물질-에너지나 자연법칙이라고 부르는 것이 애당초 왜 존재하게 되었는지는 설명할 수 없다. 이 부분은 과학 지식으로 영원히 메울 수 없는 틈새이며, 신에 의해 채워진다는 데에 모든 신학자가 동의하는 지점이다.

이에 대해 무신론자들은, 설령 우주에 창조주 또는 설계자가 있다 쳐도, 그것은 누가 창조주를 창조했는가, 또는 누가 설계자를 설계했는가라는 질문에 대한 답은 되지 못한다고 답한다. 그것은 사실이지만, 그리 놀라운 것은 아니다. 모든 설명의 여정에는 끝이 있다. 그 끝은 물질, 미스터리, 또는 형이상학적 필연일 것이다. 그것은 뚜렷한 정체가 없는 제1원인일 수도, 신일 수도 있다. 어디서 설명의 여정을 끝내든, "왜?" 또는 "하지만 그것의 원인은 무엇이었는가?"라고 물을 여지가 항상 존재할 것이다. 종교적 사례든 세속적 사례든 모든 사례에서 그 대답은, 어떤 식으로든 그냥 그렇게 되었다이다. 신학자에게 훨씬 더 심각한 문제는, 우주의 제1원인을 상정하는 것과 그 미지의 원인을 유대교, 기독교, 이슬람교, 어떤 다른 종교적 전통의 인격적인 신과 동일시하는 것 사이의 커다란 틈새를 어떻게 메울 것인가이다.

미세조정된 우주

자연법칙들을 이따금씩 위반하는 것보다는 자연법칙을 배치하는 일에서 신을 발견하는 사람들은, 우주가 탄소에 기반한 생명을 위해 '미세조정되어 있는' 것 같다는 사실에 주목한다. 우주의 물리상수들이 약간만 달랐더라도 (인간의 생명을 포함해) 그러한 생명은 가능하지 않았을 것이다. 예컨대, 빅뱅이 약간만 더 세게 일어났다면 물질이 너무 빨리 흩어져서 항성과 행성들이 생기지 못했을 것이다. 만일 중력의 힘이 눈곱만큼이라도 더 크거나 작았더라면 태양처럼 생명을 지탱하는 항성들은 존재할 수 없었을 것이다. 물리학자 프레드 호일(Fred Hoyle)의 말을 인용하자면, 이는 "초지적인 존재가 물리학을 조작했다"는 것과 "자연에는 거론할 만한 눈먼 힘들이 존재하지 않는다"는 것을 보여주는 것일까? 실제로 어떤 사람들은 이러한 미세조정은 지적생명체를 만들어내는 데 관심이 있는 창조자가 우주를 설계했다고 가정할 때 가장 잘 설명된다고 생각한다. 다른 사람들은 우리 우주는 '다중우주(multiverse)' 또는 '메가버스(megaverse)'로 존재하는 수없이 많은 우주들 중 하나라는 생각을 지지한다. 그렇다면, 그러한 다중우주들의 작은 일부는 생명에 적합한 조건을 가질 것이고, 우리는 그러한 우주 중 한 곳에 살게 된 것이다.

이 논증의 양측은 신에 의해서든 다중우주에 의해서든 설명이 필요한 것이 존재한다는 점에는 동의한다. 하지만 우리는 이 전제를 당연하게 받아들여서는 안 된다. 양측은 우리 우주의 기본상수들이 갖는 값들이 놀랍고, 있을 법하지 않으며, 설명이 필요하다는 전제에서 시작하는데, 물리상수들의 어떤 특정한 배치가 있을 법한 것인지 아닌지 우리가 어떻게 아는가? 무한히 다양한 상수들의 어떤 조합이라도 똑같이 있을 법하지 않은 것 아닐까? 그렇든 아니든, 이러한 상수들이 이 논증들이 추정하는 방식으로 자유롭게 바뀔 수 있으며 자연에 의해 고정되어 있지 않다는 것, 또는 우리가 모르는 어떤 방식으로 서로 연결되어 있지 않다는 것을 어떻게 확신할 수 있는가? 그리고 수조 개의 다른 우주들이 단순한 가능성을 넘어 실제로 존재한다면, 우리는 우리 우주의 존재와 물리적 구성에 대해 덜 놀라워하게 되지 않을까? 데이비드 흄의 『자연종교에 관한 대화Dialogues Concerning Natural Religion』(1779)에 등장하는 인물인 필로(Philo)는 이렇게 말한다.

> 훨씬 더 친숙한 다른 많은 주제들에서 우리는 인간 이성의 불완전함과 모순을 발견해왔다. 따라서 나는 관찰 가능한 영역을 크게 벗어난 어떤 숭고한 주제에서 이성의 보잘것없는 추측으로 어떤 성공을 거둘 수 있을 것이라고는 기대하지 않는다.

보지 않았지만 믿는 것

흄은 기적에 대한 합리적 회의를 표명한 사람으로도 유명하다. 1748년에 발표한 에세이 「기적에 관하여Of Miracles」에서 흄은 기적을 뒷받침하는 증거가 상대적으로 약하다는 것을 근거로 기적을 논박했다. 그는 자연법칙은 인류의 보편적 경험에 가장 일치하는 일반법칙으로 정의할 수 있으므로, 그 어떤 진술 못지않게 경험적으로 잘 뒷받침된다고 말했다. 기적을 뒷받침하는 증거—즉 성서와 성자들의 전기에 기록된 것과 같은, 그러한 사건들에 대한 목격담—에 아무리 힘을 실어주고 싶어도, 그러한 증언은 자연법칙을 뒷받침하는 증거만큼 강력하지 않다. 흄은 이렇게 물었다. 자연법칙들이 뒤집히는 경우와 기적에 대한 증언들(당신 자신의 증언까지 포함해)이 실수인 경우, 이 둘 중 어느 쪽이 더 기적 같은 일일까? 흄은 이성적인 사람이라면 증언이 허위로 밝혀지는 쪽이 더 현실적인 가능성이라고 답해야 하리라고 보았다. 요컨대 이성적인 사람은 기적을 믿을 수 없다. 2장에서 이야기한 지식의 서로 다른 원천들의 관점에서 보면, 흄의 논증은 집단적인 감각경험이 증언을 이긴다는 말과 같다.

흄의 결론은 받아들이지 않더라도 흄의 경험주의적 접근방식은 받아들이는 사람들에게는, 자기 자신의 감각으로 경험한 증거가 최종 법정일 것이다. 자연과학, 자연법칙, 기적에 대한 타인의 증언이 갖는 힘에 대해 어떻게 생각하든, 당신 자신의 경험이 이 모든 것보다 우선할 것이다. 당신이 기적을 결코 목격한 적이 없다면, 그것이야말로 그러한 일이 일어날 수 있다고 믿는 데 가장 큰 장애물일 것이다. 반면, 만일 당신이 자신의 눈으로 성녀 아가타의 상처가 저절로 치유되는 것, 또는 베일을 들어올리자 흐르던 용암이 불가사의하게도 갑자기 방향을 바꾸는 것을 직접 목격했다면, 당신은 진정으로 특별한 어떤 일을 보았다는 사실을 인정해야 할 것이고, 흄이 뭐라고 하든 그것을 기적으로 간주할 것이다.

그렇다 해도, 자연의 평상시 과정과는 다른 어떤 일이 일어나는 것을 관찰하는 것과, 초자연적인 또는 신성한 사건을 목격했다고 믿는 것 사이에는 간극이 있다. 더 과학적인 태도는 그 사건을—이론이 예측한 결과가 나오지 않은 실험처럼—설명되지 않는 변칙으로 취급하는 것이다. 그러한 변칙은 자연세계의 작동방식에 관한 새로운 발견들로 이어질 수 있다. 아니면, 끝내 설명되지 않은 상태로 남을 수도 있다. 하지만 그러한 변칙들이 꼭 종교적 의미를 띨 필요는 없다. 특정한 종교적 맥락에서 경험된 놀랍고 설명할 수 없는 현상이 변칙을 기적으로 변신시키는 것이다.

기적에 대한 더 나은 증거를 요구하는 합리주의자에게, 신앙인들은 종교적 진리란 경험적 증거를 바탕으로 받아들이는 것이 아니라 믿음을 통해 받아들이는 것이라고 답한다. 믿음의 중요성은 신약에서 특히 강조된다. 가장 유명한 예가 예수의 열두 제자 중 한 명인 도마의 이야기다. 도마는 손에 못자국이 나 있고 옆구리에 상처가 있는 예수의 몸을 직접 볼 때까지 예수가 부활했다는 것을 믿지 못하겠다고 말한다. 그후 부활한 예수를 만나고서야 비로소 그 사실을 믿는다. 예수는 도마에게 이렇게 말한다. "너는 나를 보았기 때문에 믿었다. 보지 않고도 믿은 자는 복을 받을 것이다." 기독교 논박서인 『이

7. 카라바조의 〈성 도마의 의심〉(1602~03).

성의 시대』(1794)에서 토머스 페인은, 도마가 "눈에 보이고 손으로 만질 수 있는 증거"를 확보할 때까지 부활을 믿기를 거부할 수 있었다면 자신도 그럴 수 있을 것 같다고 말했다. "이성은 도마에게 그랬듯이 나와 다른 모든 사람에게도 똑같이 좋은 것이다." 더 최근에 리처드 도킨스는 도마가 경험적 증거를 과학적으로 요구했기 때문에 "열두 제자 중에서 유일하게 존경할 만한 사람"이라고 묘사했다.

행동하지 않는 신

도스토옙스키의 소설 『카라마조프가의 형제들』(1880)에 등장하는 형제 중 한 명인 반항적이고 의심 많은 이반은 의심하는 도마처럼 증거를 요구한다. 그는 세상에 만연한 인간의 잔임함과 고통에 역겨움을 느끼고, 만사태평한 내세에 대한 약속을 만족스러운 보상으로서 받아들이지 않는다. "나는 사자가 양과 함께 쉬고 살해당한 사람이 살아나 살인자를 포옹하는 장면을 내 눈으로 보고 싶다." 이반은 자신의 동생에게 이렇게 말한다. "이 모든 고통이 무엇을 위한 것이었는지 모두가 알게 되는 순간에 그곳에 있고 싶다." 하지만 이반은 그런 일이 일어날 때까지는, 무고한 아이들이 고문하고 학대하는 자들에게 당하는 고통이 미래에 천국에서 받게 될 어떤 보상으로 벌충될 수 있다는 것을 믿을 수 없다. 그것이 영원한 진리를 얻어 천국에 들어가는 데 대한 대가라면 그 값이 너무 비싸니 "나는 당장 입장권을 반환하련다"라고 이반은 말한다.

기독교에 대한 이반의 반론은 종교를 비판하는 수많은 사람들의 입을 통해 반복되었다. 만일 신이 존재하고 자연에 개입할 힘을 갖고 있으며 이따금씩 그 힘을 사용한다면, 왜 신은 끔찍한 불의, 잔인함, 고통이 일어나는 다른 수많은 사례들에는 개입하지 않는가? 예를 들어, 왜 신은 성 베드로가 꿈에 나타나 기적으로 치료해줄 때까지 아가타가 고문과 학대와 신체 절단을 당하도록 내버려두었는가? 왜 신은 카타니아 사람들은 특별히 보호해주면서 다른 사람들은 화산 폭발과 역병으로 죽어가도록 내버려두는가? 왜 신은 사람들을 보호하는 데에 성녀 아가타의 베일 같은 사물의 힘을 이용하는가? 애초에 화산 폭발과 질병을 직접 막을 수도 있지 않을까? 더 일반적으로 묻는다면, 왜 어떤 사람은 기적으로써 치료해주면서 똑같은 믿음과 덕을 갖춘 다른 사람은 고통받고 죽게 내버려두는가? 신은 알 수 없는 방식으로 행동한다고 우리는 답할 수 있을 것이다. 기적과 경이로운 일에 대한 과거의 많은 종교적 일화들을 믿는다면, 확실히 신은 그렇게 행동했던 것 같다. 하지만 그 대답으로 충분할까? 만일 신이 우리와 우리의 도덕 감각을 창조했다면, 왜 세상에서 신이 행동하는 방식이 정의와 선에 대한 우리의 기준을 충족시키지 못하는 것처럼 보일까?

이는 신자들이 해결해야 하는 가장 어려운 질문들이다. 헨리 드러먼드가 말했듯이 "신은 주기적으로 나타나고 주기적으로 사라진다. 신은 특별한 위기에 등장했다가 이내 퇴장한다." 과학과 철학은 우리에게 결정론을 믿거나 기적의 가능성을 부정하라고 요구하지 않는다. 그럼에도 불구하고 신학자들의 딜레마는 사라지지 않을 것이다. 신이 행동하지 않는 것은 신이 행동하는 것만큼이나 설명하기 어려운 것이기 때문이다.

제 4 장

다윈과 진화

잉글랜드의 자연학자였던 찰스 다윈은 1882년 4월에 켄트의 자택에서 73세의 나이로 숨을 거둘 때 이미 유명인사였다. 영국에서뿐 아니라 전 세계에서 과학을 탈바꿈시킨 그는 그 시대를 규정하는 철학이 된 진화론의 창시자로 유명했다. 그가 숨을 거두었다는 소식이 전해졌을 때 언론에서는 그의 장례식을 웨스트민스터대성당에서 거행하자는 운동을 벌였다. 다윈의 종교적 믿음을 둘러싼 의문이 남아 있었음에도, 그에 대한 예우로 이보다 더 적절한 것은 없다는 데 모두가 동의했다. 온 나라의 유명한 사람들이 모여 그의 대단한 이론적 업적, 수십 년에 걸친 인내와 성실함, 겸손한 잉글랜드 신사로서의 위엄과 겸양을 기념하기로 했다. 장례식에서 프레더릭 파라 신부는 다윈의 과학적 천재성을 같은 나라 사람인 아이작 뉴턴의 천재성과 비교했는데, 대성당에서 다윈이 마지막 쉴 곳은 바로 뉴턴의 기념비 옆이었다. 파라는 또한 다윈의 진화론이 자연세계에 나타나는 창조주의 수준 높은 행동 감각과 크게 어긋남이 없다고 설명했다. 장례식은 『종의 기원』이 출판된 1859년으로부터 20년이 막 지난 시점에 영국국교회가 다윈과 진화론을 승인하는 상징적인 사건이었다.

하지만 그것은 의심과 머뭇거림을 동반한 승인이었다. 영국국교회, 또는 일반 사회의 모든 사람이 진화를 '완전히(go the whole orang)'—'go the whole orang'은 찰스 라이엘이 진화가 인간에게도 적용된다는 것을 받아들이면서 사용한 어구다—받아들인 것은 아니었다('go the whole orang'은 '완벽하게 하다'라는 의미를 지닌 숙어 'go the whole hog'의 말장난이다). 사실, 사람들의 상상력을 사로잡고 폭넓은 대중의 믿음을 뒤흔든 것은 박테리아, 딱정벌레, 따개비, 박쥐의 진화가 아니라 언제나 인간의 진화였다. 다윈의 업적에 힘입어 새로운 정통으로 자리잡은 진화론적 과학이 직접적으로 도전한 것은, 다른 무엇보다도 창조에서 인류가 차지하는 높은 자리, 특히 인간의 영혼과 도덕성에 대한 종교적 생각들이었다. 지난 150년 동안 종교적 이유로 다윈주의에 저항한 사람들 중 일부는 그것이 성서를 문자 그대로 해석한 의미와 충돌한다는 이유로 반대했다. 하지만 다른 많은 사람들은 자유의지, 도덕적 책임, 이성적이고 불멸하는 인간의 영혼 같은 개념들과 양립하지 않는 것으로 보았기 때문에 진화론을 거부했다.

이 장과 다음 장에서 우리는 왜 진화론이 그처럼 위험한 이론으로 간주되었는지 살펴볼 것이다. 우선 이 장에서는 다윈의 종교적 견해, 그의 이론에 대한 수용, 그리고 그 이론의 신학적 함의를 살펴보고, 5장에서는 학교에서 진화를 가르치는 것을 둘러싸고 현대 미국에서 일어나고 있는 논란을 살펴볼 것이다. 이러한 논의들이 있는 곳에는 어디든 찰스 다윈의 모습이 따라다닌다. 그의 이미지는 진화를 주제로 한 수많은 책의 표지에 등장할 뿐 아니라 영국의 10파운드 지폐에도 등장한다. 가장 자주 이용되는 다윈의 사진은 흰 수염과 의미심장한 표정에서 풍기는 성서 속 선지자들의 이미지, 나아가 신의 이미지를 떠올리게 하는 노년의 사진이다. 자연선택에 의한 진화이론은 아이콘이 된 한 역사적 인물과 동의어가 되었다. 다윈 본인이 제안한 과학적·종교적 견해들은 진화와 종교에 대한 논쟁적인 책들에서 자주 논의되며 때때로 잘못 거론되기도 한다. 그러므로 이 혁명적인 과학사상가가 실제로 무엇을 생각했고 왜 그런 생각을 했는지 이해하는 것은 중요하다.

8. 1878년에 로크와 휘트필드가 찍은 찰스 다윈의 초상 사진.

다윈의 종교적 오디세이

20대 초반에 다윈은 영국국교회 성직자가 되려고 했다. 몇 년 전에 에든버러에서 의학 공부를 시작했지만 강의는 지루하고 수술 장면은 메스꺼웠다. 그래서 그의 아버지가 그를 케임브리지 대학교 크라이스트 칼리지에 보냈고, 그곳에서 젊은 찰스 다윈은 영국국교회의 39개 조항에 서명하고, 졸업 후 성직에 입문할 생각으로 수학과 신학을 공부하기 시작했다. 하지만 다윈은 수술만큼이나 신학에도 매력을 느끼지 못했다. 당시 그의 관심은 성서 읽기보다는 딱정벌레 수집에 쏠려 있었고, 그가 동정한 표본들 가운데 하나가 『영국 곤충학 도해 Illustrations of British Entomology』 중 한 권에 실렸을 때 그는 승리감을 처음 맛보았다. 1831년에 젊고 열정적인 이 아마추어 자연학자는 HMS 비글호에 함장인 로버트 피츠로이의 동반자로서 승선하게 되었고, 항해를 하는 동안 자연학적 관심을 끄는 사물들을 수집하고 관찰했다. 그는 찰스 다윈 목사가 될 운명은 아니었던 것 같다.

비글호 항해는 1831년부터 1836년까지 이어졌다. 탐사의 주목적은 영국 해군의 남아메리카 해안 조사 업무를 완성하는 것이었지만, 5년 간의 여정에는 오스트레일리아, 뉴질랜드, 남아프리카행도 포함되었다. 다윈이 암석으로 이루어진 지층들, 식물, 동물, 원시인을 관찰한 것은 비글호 탐사의 주목적에서 벗어난 부차적인 활동이었지만, 그의 지적 발전에는 절대적으로 중요한 역할을 했다. 항해를 하는 동안 다윈의 종교적 견해도 진화하기 시작했다. 그는 자연세계가 신의 작품이라는 데 추호의 의심도 없는 사람이었다. 그는 자신의 노트에 남아메리카 정글에서 받은 인상들을 기록했다. "덩굴식물이 덩굴식물에 휘감겨 있다—땋은 머리카락 같은 덩굴—아름다운 나비목—적막—호산나." 다윈에게 이 정글들은 "자연의 신이 창조한 다양한 산물들로 가득한 사원"이었고, 그 안에서는 "누구도 인간에게 육신의 숨보다 많은 것이 있다고 느끼지" 않고는 배길 수 없었다. 나아가 그는 기독교 선교사들이 하는 일의 문명화 효과들에 경탄하면서, "신자가 된 이들의 품행이 기독교 교의로 인해 개선되었다고 확실하게 말할 수 있을 정도로, 기독교 신앙은 정말 대단하다"라고 말했다.

하지만 항해가 끝나고 잉글랜드로 돌아온 다윈은 의심을 품기 시작했다. 그의 할아버지, 아버지, 형은 모두 기독교를 거부하고 이신론 또는 완전한 자유사상을 택했다. 다윈도 비슷한 방향으로 향하고 있는 듯했다. 그럴 이유는 많았다. 여행에서 그는 전 세계에 존재하는 매우 다양한 종교적 믿음과 관행들을 직접 본 터였다. 이 종교들이 모두 신의 특별한 계시를 주장했지만, 이 모두가 옳을 수는 없었다. 게다가 그는, 신자들은 구원을 받지만 신자가 아닌 사람들과 이교도들, 그리고 뉘우치지 않는 죄인들은 영원한 저주를 받는다는 기독교 교의에 도덕적 혐오감을 느꼈다. 다윈은 이것이 '저주받아 마땅한 교의'라고 생각했으며, 그것이 진리이기를 바라는 사람이 있다는 사실을 이해할 수 없었다. 이러한 반감은 1848년에 신자가 아니었던 그의 아버지가 죽은 뒤 특히 심해졌다.

다윈이 자연의 책을 다시 읽은 것은 두 가지 방식으로 종교에 대해 재고할 이유를 제공했다. 그와 이전의 다른 사람들은 식물과 동물이 저마다 자신의 환경에 적응하고 있는 모습에서 신의 권능과 지혜에 대한 증거를 보았다. 하지만 이제 다윈은 자신이 다른 것을 보았다고 생각했다. 스스로도 그것을 믿기 어려웠지만—'인간의 눈'은 계속해서 그를 의심에 사로잡히게 만들었을 것이다—그는 이 모든 적응이 자연적 과정들에 의해 생겨났다고 생각하게 되었다. 변이와 자연선택이 지적설계처럼 보이는 일을 할 수 있었다. 둘째로, 그는 정글의 고요한 아름다움과 더불어 자연에 존재하는 온갖 종류의 잔인함과 폭력을 보았다. 그는 그것이 자비롭고 전지전능한 신의 뜻이라는 것을 믿을 수 없었다. 예를 들어, 신은 왜 맵시벌을 창조했을까? 맵시벌은 알에서 부화한 새끼가 숙주를 산 채로 먹도록 애벌레 안에 알을 낳는다. 신은 왜 둥지에서 의붓자매들을 쫓아내는 뻐꾸기를 창조했을까? 신은 왜 다른 종의 개미를 노예로 부리는 개미를 창조했을까? 신은 왜 여왕벌에게

9. 맵시벌은 애벌레 몸속에 알을 낳는데, 그 애벌레가 숙주의 역할을 함으로써 알에서 깨어난 유충에게 첫 식사를 제공한다.

자신의 딸들을 물어죽이는 증오 본능을 부여했을까? "악마의 사제가 아니고서야 그 누가, 이런 꼴사납고 소모적이며 실수를 연발하는, 저속하고 끔찍할 정도로 잔혹한 자연의 소행들에 대한 책을 쓸 수 있겠는가!"

다윈은 무신론자가 되지 않았다. 『종의 기원』을 쓸 당시 그는 기독교도는 아니었지만 여전히 신학자였다. 말년에 그는 자신을 '불가지론자'라고 불렀는데, 이 용어는 1869년에 그의 친구 토머스 헉슬리가 만든 것이었다. 다윈은 대체로 종교적 의심을 속으로만 간직했다. 그가 그렇게 한 이유는 많았는데, 무엇보다도 조용한 삶과 사회적 존경을 잃고 싶지 않았기 때문이다. 하지만 가장 중요한 이유는 그의 아내 에마 때문이었다. 결혼 초기에 에마는 독실한 복음주의 기독교도로서 남편이 기독교에 대한 믿음을 잃고 구원받지 못할까봐 두려워하는 내용의 편지를 다윈에게 보냈다. 다윈의 의심이 곧 죽은 뒤 그들이 천국에서 다시 만나지 못함을 뜻한다고 생각하니 에마는 견딜 수 없었다. 그들의 사랑하는 어린 딸 애니가 1851년에 죽었을 때도 내세라는 위안이 절실히 필요했다. 이 문제에 대한 찰스와 에마의 차이는 고통스러울 만큼 컸다. 다윈이 죽은 뒤 그가 남긴 서류들 사이에서 에마는 40년 전에 자신이 그 주제에 대해 남편에게 썼던 편지를 발견했다. 그녀의 남편은 그 편지에 짤막한 메모를 남겨놓았다. "내가 죽으면, 내가

이 편지에 수도 없이 입맞춤을 하고 눈물을 흘렸다는 것을 알기 바라오."

자연선택에 의한 진화론

다윈이 비글호 항해를 하는 동안 수행한 관찰들은 훗날의 이론적 추측에 중요한 역할을 하게 된다. 어떤 과학적 관찰이나 마찬가지지만, 그는 자신이 관찰한 것을 현존하는 이론적 틀을 통해 이해했다. 이 경우에는 윌리엄 페일리의 자연신학과 찰스 라이엘의 지질학이 적용되었다. 잉글랜드로 돌아와서 읽은 토머스 맬서스(Thomas Malthus) 신부의 정치경제학 책은 다윈에게, 그의 이론의 핵심이 되는 또하나의 매우 중요한 생각을 제공하게 된다.

당시 케임브리지의 다른 모든 학생들처럼 다윈도 윌리엄 페일리의 저서들에 조예가 깊었다. 국교회 성직자이자 철학자이며 신학자였던 페일리는 18세기와 19세기에 가장 유명한 종교 저술가들 중 한 명이었다. 그의 1802년 저서인 『자연신학』은 동식물을 회중시계에 비교했다. 어떤 특정한 목적—시계의 경우에는 시간을 알려주는 것, 동식물의 경우에는 꽃가루를 모으고, 날고, 보는 것—을 수행하기 위해 많은 복잡한 부품들이 맞물려 돌아가는 구조에는 그것을 설계한 설계자가 틀림없이 존재한다. 페일리는 시계가 있으면 그것을 만든 시계공이 존재하는 것처럼, 자연의 작품들—꽃과 벌과 새의 날개와 인간의 눈—에도 그것을 만든 매우 유능하고 지적인 설계자가 있음이 틀림없으며 그 설계자는 바로 신이라고 추론했다. 젊은 다윈과 수만 명의 다른 독자들이 이 추론에 고개를 끄덕였다. 토머스 페인과 이신론자들이 이 논증을 그들 종교의 주된 바탕으로 삼았던 것과 달리, 페일리는 이러한 종류의 자연신학이 성서와 내면의 양심의 목소리를 통해 이미 알고 있는 사실을 확인시켜주는 보완적인 논증으로 쓰일 수 있다고 생각했다. 다윈이 페일리로부터 취한 것은 자연의 도처에서 설계, 고안, 적응에 대한 특별한 증거를 찾는 성향이었다.

다윈의 세계관을 이룬 두번째 핵심 성분은 비글호에서 읽은 찰스 라이엘 경의 『지질학 원리Principles of Geology』가 제공했다. 이 책은 1830년과 1833년 사이에 세 권으로 출판되었다. 라이엘의 책은 지구의 역사가 정기적으로 일어나는 격변들로 이루어져 있다기보다는, 오랜 시간에 걸쳐 일어나는 점진적인 변화들로 이루어져 있다고 주장했다. 그의 논증은 혁명적인 지질학적 세계관이 아닌 개혁적인 세계관으로, 변화를 일으키는 주된 작용인이 격변이 아니라 시간이라고 보았다. 다윈은 지질학 현상들을 라이엘의 눈을 통해 보게 되었다. 예컨대 그는 1835년에 칠레에서 지진을 목격했는데, 지진이 일어난 뒤에 해수면이 약간 올라간 것을 보았다. 그는 또한 안데스산맥에서 훨씬 더 높이 상승한 해변들을 보았다. 만일 지질 변화를 오랜 시간에 걸쳐 점진적으로 일어나는 변화로 설명할 수 있다면, 생물의 변화도 그렇게 할 수 있을 터였다. 훗날 다윈은 "내 책들의 절반은 라이엘의 두뇌에서 나온 것 같다"라고 고백했다.

잉글랜드로 돌아와 항해 기간 동안 수집한 수많은 동식물 표본들을 분석하기 시작했을 때, 다윈은 '종 문제'에 초점을 맞추기 시작했다. 서로 다른 생물 형태들의 기원을 자연 과정으로 설명하려는 사람들에게 이 문제는 '미스터리 중의 미스터리'였다. 1830년대에 다윈은 똑같이 받아들이기 어려운 두 가지 설명을 앞에 놓고 있었다. 하나는 각각의 종이 신에 의해 특정한 시간과 장소에서 창조되었다고 하는, 대부분의 다른 자연학자들이 믿는 설명이었고, 다른 하나는 모든 생명이 어떤 단순한 형태로 동시에 시작해 점점 더 복잡하고 완벽해지는 생명의 사다리를 조금씩 올라왔다는 설명이었다. 첫번째 설명은 생명의 역사에서 신이 때때로 기적을 통해 개입했음을 전제해야 하기 때문에 매력적이지 않았다. 다윈이 찾고 싶었던 것은 자연법칙에 의거한 설명이었다. 두번째 설명은 프랑스인 자연학자 장바티스트 라마르크가 자신의 저서 『동물철학Philosophie Zoologique』(1809)에서 제기한 '종 변형' 이론이었는데, 이 이론의 이론적 가정들 중에는 다윈이 받아들일 수 없는 것이 너무 많았다. 예를 들면, 생명이 동시에 생겨나서 생명의 사다리를 오르기 시작했다는 것, 모든 생명이 단 하나의 사다리를 똑같은 방향으로 올라갔다는 것, 한 생물이 자발적인 노력으로 물리적 구조를 바꿀 수 있다는 것이 그러했다. 또한 라마르크의 이론은 유물론과 결정론이라는 종교적으로 용납할 수 없는 개념들—다시 말해, 모든 현상은 정신적인 것이든 육체적인 것이든 물질 입자들 사이의 인과적 상호작용으로 설명할 수 있다는 견해—과 관련이 있다고 널리 알려져 있었다.

갈라파고스제도의 동물—갈라파고스핀치, 갈라파고스땅거북, 이구아나, 흉내지빠귀—은 '미스터리 중의 미스터리'를 푸는 열쇠들 중 하나를 제공하게 된다. 1835년에 그 섬에서 5주간 머무는 동안 다윈은 이러한 생물들이 섬마다, 그리고 갈라파고스제도와 남아메리카 본토 사이에 서로 차이가 있다는 것을 알게 되었다. 나중에 잉글랜드로 돌아와서야 다윈은 이 차이들을 진화의 유용한 증거로 보기 시작했다. 섬에 머문 당시에는 어떤 섬에서 어떤 핀치를 수집했는지 기록하는 일을 소홀히 했고, 역시 증거인 땅거북의 경우, 그는 심지어 그 일부를 먹어치우기도 했다. 그의 일기를 보면 "거북 고기를 먹었다. 수프에 넣어 먹으니 맛있었다"라고 기록되어 있다.

10. 1835년에 다윈이 갈라파고스제도에 들렀을 때 먹은 것과 같은 종류의 대형 갈라파고스땅거북.

갈라파고스핀치들은 다윈의 이론을 설명할 때 자주 동원되는 인기 있는 예가 되었다. 이는 다윈이 1880년대에 생명의 역사에 대해 생각할 때 직면했던 딜레마를 잘 보여주기 때문이다. 각각의 섬에는 그 섬만의 핀치 종이 있었고, 그들은 크기와 부리 모양이 서로 달랐다. 이것을 각 섬에서, 그리고 본토에서 신이 핀치 종들을 따로따로 창조했다는 뜻으로 받아들여야 할까? 아무리 좋게 말해도 이 설명은 과학적으로나 신학적으로나 엉성해 보였다. 한 방향으로 상승하는 종 변형 모델도 부족하기는 마찬가지였다. 이 종들을 단계별로 한 줄로 배열할 방법이 없었기 때문이다. 1830년대 말부터 다윈은 자신의 노트에 이러한 종류의 문제를 풀기 위한 논증과 반론들을 채워나갔다. 그는 비둘기 육종가들이 특이한 변종을 만들어낼 때 각 세대에서 특정한 개체들을 선택한다는 사실을 떠올렸고, 이러한 인위 선택과의 유비는 그의 논증의 핵심이 되었다. 하지만 더 핵심으로 들어가면 토머스 맬서스의 『인구론』(1798)에서 가져온 개념이 자리잡고 있다.

다윈은 1838년에 맬서스의 『인구론』를 읽고 그것을 종 문제에 적용할 수 있다는 것을 알았다. 맬서스의 관심사는 인구였다. 그는 인구는 한 세대에서 다음 세대로 기하급수적으로 증가(1, 2, 4, 8, ……)하는 경향을 보이는 반면, 사회가 생산할 수 있는 식품의 양은 산술적으로만 증가(1, 2, 3, 4, ……)한다고

11. 다윈의 『비글호 항해기』(1845)에 실린 도판. 항해하는 동안 수집한 핀치 종들의 자연선택을 보여준다.

생각했다. 이는 각 세대에서 자원에 대한 투쟁을 유발한다. 이 투쟁에서 강한 자가 살아남고 약한 자는 사라진다. 남아메리카 정글의 덩굴식물, 곤충의 기생 및 살해 본능, 그리고 자신의 집 뒤뜰에 있는 식물과 잡초를 보면서 다윈은 자연에서도 비슷한 일—즉 경쟁자들보다 약간이라도 우위에 있는 생물들이 승리하는 자원 경쟁—이 일어나고 있다는 것을 이해할 수 있었다. 이러한 생존 투쟁과 그로 인한 '최적자 생존'(진화 철학자 허버트 스펜서가 만들어낸 용어)은 다윈의 이론의 핵심 개념이 되었다. 다윈보다 20년 늦게, 하지만 다윈의 진화론 발표 시점보다는 이른 1850년대에 자연선택설을 생각해낸 앨프리드 러셀 월리스(Alfred Russel Wallace)도 맬서스에게서 영감을 받았다고 말했다.

다윈은 이제 자신만의 답을 얻었다. 환경에 대한 생물들의 적응과 서로 다른 종들의 기원은 페일리가 제안한 설계자의 창조 행위로 설명할 것이 아니라, 지리적 분포, 무작위적으로 유전되는 변이, 자원 경쟁, 오랜 시간에 걸친 최적자 생존으로 설명해야 했다. 자연선택은 여러 형태—질병, 포식자, 가뭄, 선호하는 먹이의 부족, 날씨의 급변—를 띨 수 있지만, 각 세대에서 이러한 자연의 공격들에 가장 잘 대처할 수 있도록 행운을 타고난 개체들만이 성공해서 새끼를 남기고, 잘 적응하지 못한 개체들은 자손 없이 죽는다. 수억 년 동안 이 과정을 반복한 결과, 우리가 지금 보는 온갖 종의 생물들이 가장 단순한 생명 형태들로부터 진화할 수 있었다.

따라서 이 이론에 따르면 갈라파고스핀치 종들은 각기 따로 창조된 것이 아니며, 단일한 생명의 사다리의 서로 다른 단에 연속적으로 늘어서 있는 것도 아니다. 그들은 거대한 계통수, 즉 생명의 나무를 이루는 서로 다른 가지들의 끝에 있었다. 섬마다 이용할 수 있는 먹이의 종류(씨, 곤충, 선인장)에 차이가 있다는 것은, 지리적 장소에 따라 각기 다른 몸집과 부리 모양이 생존 투쟁에 이로움을 주었음을 뜻했다. 이 종들은 원래 본토에서 건너온 하나의 공통조상 종에서 분기했다. 자연은 비둘기 육종가처럼 행동함으로써, 바람직한 특징을 가진 개체들을 선택하고 그들의 번식을 도왔던 것이다.

1858년에 다윈은 월리스로부터 자신의 이론과 사실상 똑같은 이론의 개요가 적힌 편지를 받고, 계획보다 빨리 자신의 이론을 발표하게 된다. 서둘러 마련된 린네학회의 모임에서, 다윈과 월리스의 이론이 발표되었다. 그리고 이듬해, 런던 앨버말 스트리트의 서적상 존 머리(John Murray)에 의해 『자연선택에 의한 종의 기원, 즉 생존의 투쟁에서 유리한 종의 존속에 관하여』가 출간되었다. 책의 속표지에는 저자의 경력이 화려하게 소개되어 있었다. "문학석사 찰스 다윈. 왕립학회, 지질학회, 린네학회 등의 회원. 『비글호 항해기』의 저자." 이러한 화려한

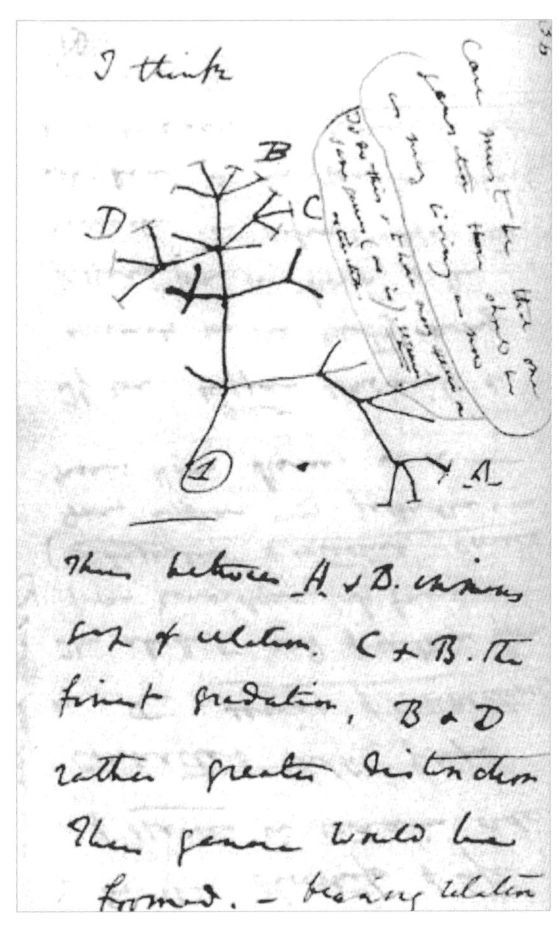

12. 모든 생물이 공통조상으로 연결된다는 생명의 나무에 대한 개념을 처음으로 구상한 1830년대 후반 다윈의 노트.

약력이 빅토리아 시대의 독자들로 하여금 그 책의 혁명적인 내용을 받아들이게 하는 데 도움이 되기를 바랐을 것이다.

"뜻밖에도 우리는 버섯과 사촌지간"

『종의 기원』의 첫 독자들은 신이 완전히 추방되기보다는 주변부로 밀려난 자연관을 접했다. 개별적인 종을 창조하는 데 신은 더이상 필요치 않았지만, 다윈은 관습을 의식했기 때문인지 남아 있던 종교적 신념 때문인지 모르지만 자신의 논증을 일종의 유신론적 진화론을 지지하는 것처럼 제시했다. 1859년에 그 책을 펼쳐본 독자가 마주친 첫 글귀는 두 개의 신학적 명구였다. 하나는 영국국교회 성직자이자 대학자인 윌리엄 휴얼(William Whewell)의 말을 인용한 것이었고, 다른 하나는 17세기 과학혁명의 선구자들 중 한 명인 프랜시스 베이컨의 말을 인용한 것이었다. 휴얼은 물질세계에서 "사건들은 매 사건마다 신이 따로 중재함으로써 일어나는 것이 아니라 정해진 일반법칙들에 의해 일어난다"고 말했다. 베이컨은, 우리는 신의 말씀을 적은 책과, 신의 작품, 신성, 철학을 담은 책에 대해 아무리 많이 알아도 모자라므로, "사람들로 하여금 둘 모두에 있어서 끊임없는 진전과 숙달을 추구하게 하자"고 했다.

그 책의 결론부에 이르러 다윈은 신이 기적을 통해서가 아니라 법칙 같은 방식으로써 행동한다는 휴얼의 견해를 거듭 강조했다. 다윈은 이렇게 썼다.

> 내 생각으로는, 과거와 현재에 이 세계에 존재한 생물들의 생성과 절멸이 이차적인 원인에서 기인했으리라는 것이, 창조주가 사물에 새겨놓은 법칙들에 대해 우리가 알고 있는 바와 더 잘 일치한다…… 내가 보기에 우리가 모든 생물을 특별한 피조물로서가 아니라, 실루리아기의 첫 지층이 쌓이기 오래 전에 살았던 어떤 소수의 생물들의 직계 자손으로 볼 때 그들이 더 고귀해지는 것 같다.

그 책의 유명한 마지막 문장에서 다윈은 "자연의 투쟁에서, 기근과 죽음에서" 가장 고귀한 형태의 생명이 생성되었다고 경탄했고, 그런 다음에 이렇게 결론을 맺었다.

> 생명이 그 여러 가지 능력과 함께, 최초에는 몇 가지 형태 또는 하나의 형태에 숨이 불어넣어졌다는 견해, 그리고 이 지구가 불변의 중력법칙에 따라 회전하고 있는 동안 그렇게 단순한 발단에서 그토록 아름답고 지극히 경이로운 무한한 형태가 생겨났고 지금도 생기고 있다는 견해에는 장대함이 있다.

제2판부터는, 그 뜻에 의혹을 제기할 경우에 대비하여 "몇 가지 형태 또는 하나의 형태에 숨이 불어넣어졌다"라는 구절을 "몇 가지 형태 또는 하나의 형태에 창조주에 의해 숨이 불어넣어졌다"라고 고쳤다.

다윈의 새로운 자연신학에 설득당한 사람들이 기독교 교회 내에도 있었다. 그들은 특별히 파괴적인 대재앙 이후에 신이 주기적으로 개입해 지구의 식물상과 동물상을 채워넣은 세계보다는, 신이 진화라는 법칙 같은 과정을 통해 창조를 행한 세계가 더 장대하고 고귀할 뿐 아니라 더 간소하고 질서정연하다는 데 동의했다. 3장에서 이미 보았듯이 헨리 드러먼드가 그러한 사람 중 하나였다. 또 한 명은 역사가이자 기독교 사회주의자이자 소설가였던 찰스 킹즐리(Charles Kingsley)였다. 1863년에 출판된 그의 유명한 동화 『물의 아이들 The Water Babies』에는 그가 다윈의 새 이론을 지지한다는 암시가 들어 있다. 어린 소년 톰이 자연을 의인화한 인물인 '엄마 캐리'에게 다가가 이렇게 말한다. "엄마가 오래된 짐승들로 새로운 짐승들을 만들고 있다는 이야기를 들었어요." 그러자 엄마 캐리는 이렇게 답한다. "사람들은 그런 줄 알지. 하지만 나는 어떤 것을 만드는 수고를 하지 않는단다, 아가야. 여기 그냥 앉아서 그들 스스로 자기 자신을 만들도록 한단다." 미래에 캔터베리 대주교가 되는 프레더릭 템플(Frederick Temple)도, 신이 연속적인 기적을 통해서가 아니라 변이와 자연선택을 통해 세계를 창조했다는 생각을 지지한 국교도였다. 대서양 건너편에도, 하버드 대학의 식물학자이자 장로교 교인이었던 에이서 그레이(Asa Gray) 같은, 다윈의 유신론적 진화에 설득된 사람들이 있었다.

하지만 갈등의 사례들도 있었는데, 1860년에 옥스퍼드에서 열린 영국과학진흥협회에서의 극적인 대결이 가장 유명하다. 다윈 자신은 그 행사에 참석하지 않았지만, 다윈의 개념들을 지적·사회적 진보에 적용한 논문이 그곳에서 발표되었다. 그런 다음에 참가자들 사이에 다윈주의라는 일반 쟁점에 대한 추가 논쟁이 벌어졌다. 첫번째 연사는 옥스퍼드 주교 새뮤얼 윌버포스(Samuel Wilberforce)였다. 그는 다윈의 이론에 대해 꽤 길게 이야기했다. 그가 정확히 어떤 말을 했는지는 기록되어 있지 않지만, 보수적인 정기간행물 〈쿼털리 리뷰 Quarterly Review〉에 실린 『종의 기원』에 대한 그의 서평을 바탕으로 그가 한 말을 미루어 짐작할 수 있다. 그 서평에서 윌버포스는 다윈의 책이 암시하는 결론, 즉 "이끼, 풀, 순무, 떡갈나무, 벌레, 파리, 진드기, 코끼리, 적충류, 고래, 오늘날의 파충류와 옛날의 파충류, 송로버섯과 인간이 모두 똑같은 공통조상의 직계 후손"이라는 사실은 확실히 놀라운 것이지만, 만일 그 과학적 추론이 타당하다면 자신은 그것을 인정해야 할 것이라고 지적했다. 그는 "뜻밖에도 우리는 버섯과 사촌지간"이라는 다윈의 추론을 성서를 근거로 반대할 생각은 없다고 했다. 신의 계시를 가지고 과학 이론의 진위를 판단하는 것은 매우 현명하지 못한 처사이기 때문이라는 것이다. 하지만 윌버포스는 영국 최고의 해부학자였던 리처드 오언(Richard Owen)의 연구에 의지해 그 이론에 대한 많은 과학적 반론을 제기했고, 특히 중간 형태를 보여주는 화석 증거가 없다는 점과, 가축화를 통해 비둘기와 개의 변종들이 아무리 많이 생산된다 해도 비둘기는 언제나 비둘기이고 개는 언제나 개라는 점을 강조했다. 새 종이 출현한다는 증거는 어디서도 찾을 수 없다는 것이었다.

비록 성서를 문자 그대로 해석한 것을 토대로 반대한 것은 아니었지만, 그럼에도 진화에 대한 윌버포스의 저항은 이후의 많은 신자들의 저항과 마찬가지로, 인간은 동물계의 나머지 생물들과 구분되며 그들보다 뛰어나다는 성서에 기반한 세계관에서 비롯된 것이 분명했다. 예수그리스도라는 사람은 신이 인간의 형태를 띤 것이라는 기독교의 가르침도, 인간의 형태에 특별한 의미를 부여했다. 그러므로 인간이 '창조의 정점이자 완성'이 아니라 '개선된 유인원'에 지나지 않는다고 주장하는 것은 인간뿐 아니라 신을 모욕하는 것이라고 윌버포스는 지적했다. 옥스퍼드 회합에서 윌버포스는 발언의 막바지에, 1000명에 가까운 군중 사이에 앉아 있던 다윈의 가장 충실한 옹호자 토머스 헉슬리를 돌아보며, 그의 원숭이 조상이 할머니 쪽인지 할아버지 쪽인지 물었다는 이야기가 전한다. 농담으로 던진 말이었지만, 헉슬리는 분노로 얼굴이 새하얘져서 옆자리 사람에게 "주님이 그를 내 손에 인계하셨다"고 속삭였다. 헉슬리는 자리에서 일어나, 엄숙한 과학 토론에서 지적 능력과 영향력을 헛소리나 지껄여대는 데 이용하는 사람을 할아버지로 갖느니 차라리 원숭이를 할아버지로 갖는 편이 낫다고 답했다. 꽉 찬 회의장에 열기가 고조되고 한 명 이상의 여인이 기절했을 때, 비글호 항해를 함께했던 다윈의 오래된 동료인 피츠로이 함장이 벌떡 일어나더니 양손으로 성서를 들어올리고 다윈의 이론을 비난했다. 그때 다윈 집단의 또 다른 핵심 멤버였던 식물학자 조지프 후커(Joseph Hooker)가 끼어들어, 그의 말에 따르면, 다윈주의 쪽에서 결정적 한 방을 날렸다.

이것은 흥미진진한 이야기로 다윈 전설의 일부가 되었다. 1860년에 윌버포스, 헉슬리, 후커는 모두 자신이 그날의 승리자라고 생각했다. 하지만 더 많은 사람들에게 그 이야기가 전해진 20년 뒤에는, 교회로부터 과학의 자치를 오랫동안 요구해왔던 헉슬리와 후커가 훨씬 큰 영향력을 가진 위치에 올라서 있었다. 영국의 과학 기득권 내에서 전문 직업인화한 불가

13. 〈배니티 페어Vanity Fair〉에 실린 만화. 1860년에 옥스퍼드에서 펼쳐진, 토머스 헉슬리와 새뮤얼 윌버포스 주교의 전설적인 만남을 그리고 있다.

지론자들의 위상이 높아졌다는 것은, 후커와 헉슬리가 왕립 학회의 회장을 지냈다는 사실에서도 확인된다. 그때 헉슬리와 윌버포스의 이야기는 승리자의 역사의 한 단편으로 이용되었다. 그것은 1860년에 옥스퍼드에서 있었던 국교회 보수주의에 대한 과학적 자연주의의 승리를 실제보다 더 부각시켰다. 이 새로운 엘리트들은 그 이야기를 권력으로 부상한 자신들의 입지를 암시하고 정당화하는 동시에 쟁점을 탈정치화하는 방식으로 서술할 필요가 있었다. 새뮤얼 윌버포스와 리처드 오언이 한편에 서고 젊은 다윈주의자들이 다른 한편에 섰던 1860년의 대결은 영국의 과학과 종교 제도들 내의 권력투쟁에서 비롯된 것이었다. 즉 상충하는 사회적 이익집단들 사이의 충돌이자, 진화의 과학적 증거에 대한 상충하는 해석들 사이의 충돌이었다. 하지만 나중에 '과학'과 '종교' 사이의 단순하고 끝없는 갈등의 사례로 각색된 버전의 헉슬리 대 윌버포스 논쟁은 그 불가지론자들이 권력으로 부상한 것이 고의적인 정치 캠페인의 결과가 아니라 멈출 수 없는 역사적 과정의 결과였음을 암시하는 데 도움이 되었다.

진화와 신학

『종의 기원』에 대한 윌버포스의 서평에는, 19세기와 그 이후에 기독교도, 유대교도, 이슬람교도, 그 밖의 다른 사람들이 진화가 자신들의 종교적 믿음에 어떤 영향을 주는지 생각할 때 반복적으로 등장하는 신학적 쟁점들이 조목조목 밝혀져 있었다. 이들 중 몇몇은 새로운 것이 아니었다. 자연 지식을 결정하는 데 있어서 과학과 성서가 갖는 상대적 권위에 대해서는 앞서 천문학과 지질학의 발견들이 이루어졌을 때 논의할 기회가 충분히 있었다. 다윈의 자연관은 고통, 폭력, 죽음에 특별한 관심을 끌어모았다. 하지만 다윈까지 동원하지 않더라도, 이것이 일반적으로는 자연세계의 특징이며 구체적으로는 인간 삶의 특징이라는 것을 사람들에게 이야기하는 데 아무런 문제가 없었다. 신학자들은 이미 악의 문제를 알고 있었고, 그것에 대한 다양한 대답들을 내놓았다. 인간의 악에 대한 한 가지 흔한 대답은, 신은 자신의 창조물들에게 선한 목적으로도 악한 목적으로도 쓰일 수 있는 자유의지를 허락한 것이 틀림없다고 설명하는 것이었다. 다윈이 언급한 자연의 불완전함과 맵시벌 같은 생물들의 잔인함을, 윌버포스는 에덴동산으로부터의 추방을 통해 설명했다. 이 견해에 따르면, 창조의 왕이자 지배자인 아담과 이브가 불복종에 대한 벌로 에덴동산에서 쫓겨날 때, 품위로부터 무질서 상태로 추락한 것은 비단 그들과 그들의 인간 후손들만이 아니라 자연 전체였다. 윌버포스에 따르면, "신의 작품들 사이에 섞여 있는 불완전하고 고통

받는 이상한 형태들"은 곧 "이 세계의 왕이자 지배자가 에덴동산에서 추방될 때 세계를 훑고 지나간 강력한 전율"이 지속적으로 나타나는 것이었다.

신학적으로 새롭고 곤란한 문제는, 인류와 '짐승의 창조'를 안전하게 분리하는 경계가 파괴된 것(그리고 그보다는 덜하지만 마찬가지로 중요한, 동식물 종들을 분리하는 경계들이 파괴된 것)이었다. 『인간의 유래The Descent of Man』(1871)와 『인간과 동물의 감정 표현The Expression of the Emotions in Man and Animals』(1872)에 등장하는 인간의 진화에 대한 다윈의 이론들은 인류와 여타 동물들의 관계를 논의할 추가적인 재료를 제공했다. 이 저서들에서 다윈은 가장 수준 높은 인간 능력들—감정, 도덕감각, 종교적 감정—이 어떻게 자연적 수단(다윈이 자신이 옹호한 자연선택설과 함께 작동한다고 항상 주장했던 '라마르크식' 과정인 획득형질의 유전을 포함한)에 의해 진화할 수 있었는지에 대해, 1859년에는 감히 하지 못했던 과감한 추측을 제시했다.

19세기 말이 되었을 때는, 진화론의 기본 원리인 '변형을 동반한 상속(descent with modification)'과 '모든 생명 형태들은 공통조상에서 유래했다는 사실'에 대한 진지한 과학적 반대는 존재하지 않았다. 하지만 다윈과 월리스가 진화를 추동하는 주된 힘으로 지목한 메커니즘인 무작위 변이에 작용하는 자연선택이 설명으로서 충분한지에 대해서는 상당한 논쟁이 있

14. 다윈을 원숭이로 묘사함으로써 그의 진화론을 풍자한 19세기의 많은 그림들 중 하나.

었다. 다양한 형태의 라마르크식 메커니즘들도 여전히 논의되었고, 유전 과정도 논쟁의 대상이었다. 1900년 이후에는 그레고어 멘델(Gregor Mendel)의 연구를 토대로 형질들이 훗날 '유전자'라고 알려지게 된 일종의 단위체로 유전된다고 주장하는 사람들과, 유전은 형질들이 무한히 다양한 정도로 '섞이는 것(blending)'이라고 생각하는 사람들 사이에 논쟁이 벌어졌다. 우리에게 친숙한 신다윈주의라는 현대적 진화론의 틀이 확립된 것은 1930년대에서 1940년대 사이의 일이다. 신다윈주의는 멘델 유전학과 자연선택설을 결합했고, 마침내 획득형질의 유전이라든지, 내부로부터 진화를 추동하는 어떤 생래적 생명력에 호소하는 진화 이론들을 거부했다.

상황이 이렇게 변해가는 동안에도 신학자들은 계속해서 진화론을 다양한 방식으로 활용했다. 20세기 초에는 창조적 진화라든지 지시된 진화 같은 개념들이 유행하면서 종교적 사상가들을 매혹했다. 그 이후 신다윈주의가 승리하면서부터는 다른 종류의 신학적 문제들이 제기되었다. 모든 종교적 전통 내에는 진화를 포용하는 사람들도 있었지만 진화를 거부하는 사람들도 있었다. 모든 종교에는 그 나름의 진화론자들, 창조론자들, 그 중간에 있는 다양한 사람들이 존재했다.

유대교도들에게는 진화론이 성서의 해석과 인간 본성에 대한 문제들을 제기할 뿐 아니라, 나치즘과 홀로코스트를 암시한다. '최적자 생존'과 관련한 개념들은 나치 당원들에 의해 인종주의와 우생학을 정당화하는 데 이용되었다. 나치 정권은 제2차세계대전 동안에 수백만 명의 유대인과 이른바 '열등한' 인종에 속한 여타 사람들을 학살했다. 자연선택에 의한 진화론은 사회주의, 자유주의, 무정부주의를 포함한 온갖 종류의 이념들을 뒷받침하는 데 이용되었다. 최근의 역사 연구는 진화론이 시온주의〔유대인들의 국가 건설을 위한 민족주의운동〕를 건설하고 방어하는 데 어떻게 이용되었는지를 보여주기도 했다. 진화론이 정치적으로 이용되기 쉽다는 것이 증명되었지만, 이 과학 이론 자체는 어떤 입장으로도 귀결되지 않는다는 것이 일반적인 생각이다. 그럼에도, 과거에 반유대주의에 이용된 것을 고려해볼 때 진화 개념들은 위협적인 함의를 계속해서 지닐 것이다. 20세기 후반에 마음과 사회에 대한 보다 결정론적인 진화 이론들을 거부하는 데 앞장섰던 두 명의 생물학자인 스티븐 제이 굴드(Stephen Jay Gould)와 리처드 르원틴(Richard Lewontin)은 둘 다 유대인이었다(하지만 그들이 그러한 이론을 거부한 데는 과학적이고 정치적인 이유들이 있었다).

19세기 이래로 로마 가톨릭교회가 서서히 확립해온 공식 입장은, 인류가 과학이 기술하는 방식으로 물리적으로 진화했음을 받아들이지만, 각 개인의 영혼은 신의 모습으로 창조되며 단순히 물질주의적 진화의 산물로만 설명할 수는 없다는 것이다. 정통의 변두리와 그 금을 약간 넘어간 곳에는, 진화를 지지하는 발언을 하는 로마 가톨릭교도들이 항상 있었다. 예컨대 19세기 해부학자 세인트 조지 마이바트(St. George Mivart)는 가톨릭교회를 상대로 유신론적 진화의 타당성을 설득하기를 시도했고, 20세기 중반에 예수회 소속의 고생물학자인 피에르 테야르 드 샤르댕(Pierre Teilhard de Chardin)은 진화는 신에 의해 인도되는 우주적 과정이며 그 목적은 인간의 도덕적·정신적 자각이라고 해석하는 대중적인 책들을 펴냈다. 교황 베네딕토 16세는 2005년 취임 미사에서 이 주제에 대한 주의를 당부했다. "우리는 진화의 무심하고 무의미한 산물이 아니다. 우리들 각자는 신의 생각의 결과다. 우리들 각자는 의지와 사랑의 대상이며, 꼭 필요한 존재다." 하지만 로마 가톨릭교회는 일반적으로 반다윈주의적인 '지적설계'운동을 지지하지 않았다. 교황의 경고는 과학으로서의 진화에 대한 경고가 아니라, 세계에서 의미와 목적을 박탈하는 포괄적인 견해로서의 진화 개념을 채택하는 것에 대한 경고다. 가톨릭교회는 진화에 대해 양면적인 태도를 유지하고 있는 것처럼 보인다. '지적설계'의 주창자 중 한 명인 마이클 비히(Michael Behe)와 지적설계의 가장 유능한 과학적 비판자 중 한 명인 케네스 밀러(Kenneth Miller)는 둘 다 로마 가톨릭교도다.

최근 몇십 년 사이에 제기된, 진화에 관한 가장 눈에 띄는 종교적 반대는 두 개의 종교적 전통인 개신교와 이슬람교에서 나왔다. 20세기와 21세기에 이 두 전통들에서 생겨난 다양한 창조론은 19세기 후반에 다윈주의를 둘러싸고 벌어졌던 신학적·과학적 논의들과는 거리가 있다. 20세기에 부상한 과학적 창조론을 이해하기 위해서는 미국의 역사와 정치로 관심을 돌릴 필요가 있다.

제 5 장

창조론과 지적설계

대장균은 '지적설계'를 대표하는 생물이다. 대장균은 회전하는 기발한 꼬리인 '편모'로 이동한다(모터보트에 달린 발동기 같은 것이 박테리아에 달려 있는 셈이다). 이동이라는 특정한 목적을 위해 여러 연결된 부위들이 함께 작동한다는 점에서 편모는 1802년에 윌리엄 페일리가 제시한 설계의 기준에 딱 들어맞는다. 하지만 현대 진화론이 승리한 지금, 다윈의 자연적 설명을 놔두고 그러한 적응들에 대한 페일리의 신학적 설명을 선택하기는 이제 불가능한 게 아닐까? 모든 사람에게 그런 건 아닌 모양이다.

1990년대 초부터 미국에서 '지적설계(ID)' 운동의 지지자들은 모든 생명 형태가 변이, 유전, 자연선택을 통해 진화했다는 신다윈주의 이론에 도전해왔다. 변호사 필립 존슨(Philip Johnson), 수학자이자 철학자이며 신학자인 윌리엄 뎀스키(William Dembski), 생화학자 마이클 비히를 포함한 ID의 신봉자들은 지적설계가 진화에 도전하는 진지한 과학 이론이라고 말한다. 그들은 박테리아의 편모 같은 자연세계의 특정한 구조들은 너무 복잡해서 도저히 변이와 자연선택을 통해 생겨났다고 볼 수 없다고 생각한다. 그들은 이론의 여지가 있는 수학적 가정들을 토대로 특정 정보가 우연과 시간에 의해 만들어질 확률이 얼마나 되는지 자세히 계산함으로써 그러한 불가능성을 양적으로 제시하고, 그것을 통해 자신들의 불신을 정당화한다. 마이클 비히는 특히 포유류에서 혈액을 응고시키는 데 관여하는 일련의 반응인 '혈액응고 연쇄반응'처럼, 세포 내에서 일어나는 복잡하고 연쇄적인 화학적 과정들에 초점을 맞춘다. 그는 생화학 박사학위를 갖춘 페일리라고 말할 수 있다. 그에게 있어 편모, 혈액응고 연쇄반응, 그리고 여러 성분들 사이의 복잡한 상호작용에 의존하는 그 밖의 많은 현상들의 '환원 불가능한 복잡성'에 대한 가장 납득할 수 있는 설명은, 그것이 어떤 지적설계자(그와 그의 독자들의 대부분은 이 설계자가 신이라고 생각한다)에 의해 만들어졌다는 것이다.

미국과학진흥협회는 지적설계는 이론 구성에 "중대한 개념적 결함이 있고, 타당한 과학 증거가 없으며, 과학적 사실들을 잘못 기술하고 있다"고 말하면서, 지적설계의 핵심 개념은 "사실상 과학 개념이 아니라 종교 개념"이라고 언명했다. 2005년에 펜실베이니아에서 있었던 역사적인 소송에서, 존 E. 존스 판사는 생물 교사들로 하여금 ID에 대한 성명서를 읽게 하라고 요구한 도버 지역 교육위원회의 정책을 위헌으로 판결했다. 존스 판사는 ID는 과학이 아니라 종교이며, 국가가 특정 종교를 지지하는 것을 금하는 헌법 수정조항을 위반하면서까지 교육위원회가 이러한 정책을 채택한 것은 "어리석기 그지없는 일"이라고 말했다. 종교 지도자들도 ID에 반대했다. 2004년에 위스콘신 주에서 일어난 논란에 대한 반응으로 작성된, 기독교 신앙과 진화 교육이 양립할 수 있음을 공언한 공개 서한에 대해, 지금까지 미국 전역의 여러 기독교 종파에 속한 1만 명 이상의 성직자가 서명을 마쳤다. 2006년에 바티칸 천문관측소장이자 예수회 소속의 천문학자인 조지 코인(George Coyne)은, ID는 신을 일개 공학자로 전락시키는 '조야한 창조론'이라고 비난했다.

엄청나게 다양한 과학적, 법적, 신학적 반론을 고려하면, ID 운동이 미국 사회의 특정 부문들 내에서 어떻게 그렇게 인기를 얻게 되었는지 궁금하지 않을 수 없다. 이 질문에 답하기 위해서는 1920년대 이래로 미국에서 진행되어온 반진화운동의 역사와, 주법원과 연방법원들이 1960년대부터 헌법 수정조항을 이용해 공립학교에서 종교를 분리시켜온 역사를 이해할 필요가 있다. 이 역사에서 드러나는 사실은, 그동안 미국에서 다양한 스펙트럼의 보수적인 기독교 유권자들이 공립학교에서 종교에 기반한 반진화론적 개념들을 가르치게 하기 위해 힘써왔으며, ID운동은 그러한 움직임의 연장선상에 있는 가장 최근의 시도라는 점이다. 진화와 ID에 대한 논쟁은 과학과 종교 사이의 충돌이 아니라, 누가 교육을 통제해야 하는가에 대한 서로 다른 견해들 사이의 충돌이다.

과학적 창조론의 다양한 형태들과 지적설계에 반대하는 사람들은 이러한 움직임을 '중세 시대로의 회귀'로 묘사하곤 한다. 하지만 이것은 사람들이 흔히 범하는 역사에 대한 오해다. 이 운동들은 20세기와 21세기 미국의 산물이다. 이 운동들은 현대과학을 모방하는 동시에 거부하면서, 발전된 과학, 수준 높은 종교 의식, 국가와 종교의 엄격한 분리 같은 많은 요소들의 영향으로 현대 미국에서 폭넓게 퍼지게 되었다.

스코프스 재판

1925년 3월 21일에 테네시 주지사 오스틴 피는 테네시 주에서 임용된 교사가 "신이 인간을 창조했다는 성서의 가르침을 부정하고 인간이 하등동물에서 진화했다고 말하는 이론을 가르치는 것"을 불법화하는 법에 서명했다. 미시시피 주와 아칸소 주를 포함한 다른 주들도 1920년대에 이와 비슷한 반진화 조치들을 채택했지만, 이 문제가 곪아터진 것은 테네시 주의 데이턴이라는 작은 마을에서였다.

테네시 주의 법이 통과되자 미국시민자유연합(ACLU)은 이때가 지적 자유를 방어하기 위해 나설 기회라고 생각했다. 그들은 판례로 남길 소송을 제기할 지원자를 모집하는 광고를 냈다. 데이턴의 변호사들과 기업가들 가운데 몇몇은 이번이 그들의 마을을 세상에 알릴 기회라고 생각하고, 그 지역의 과학 교사 존 스코프스에게 나서라고 설득했다. 이후의 일들은 데이턴의 주민들이 상상했던 것보다 더 큰 언론의 관심을 받았다. 데이턴의 '원숭이 재판'은 국제적인 뉴스가 되었고, 최초로 전국 라디오로 방송되었다. 또한 이 사건은 당대의 가장 유명한 변호사들 중 두 명을 끌어들였다. 한 명은 원고측 대표인 윌리엄 제닝스 브라이언(William Jennings Bryan)이었고, 다른 한 명은 피고측 대표인 클래런스 대로(Clarence Darrow)였다. 브라이언은 민주당 후보로 세 번이나 대선에 출마했지만 세 번 모두 패배했다. 국민의 절대주권에 대한 믿음, 제국주의적인 외교정책에 대한 반대, 여성참정권에 대한 지지 등을 통해 '위대한 평민'으로 알려진 브라이언은 말년에 도덕과 종교 분야 운동에 점점 빠져들어 금주법을 옹호하고, 학교에서 진화

15. 스코프스 재판이 열리는 동안 테네시 주 데이턴의 반진화연맹이 설치한 홍보대.

를 가르치는 것을 성서를 토대로 반대했다. 대로는 유명한 불가지론자였고 미국시민자유연합의 지도적 역할을 하는 회원이었다.

1960년 영화 〈바람의 상속자〉에는 브라이언과 대로의 충돌과, 이와 관련하여 1925년 7월에 데이턴에서 일어난 종교운동과 진화운동이 정확하지는 않지만 인상적으로 묘사되어 있다. 빼어나게 서술된 더 믿을 만한 이야기를 듣고 싶으면 에드워드 J. 라슨(Edward J. Larson)이 쓴 『신들을 위한 여름Summer for the Gods』을 보면 된다. 이 작품은 1998년에 역사 부문 퓰리처상을 받았다. 브라이언과 대로의 법정 대결은 전설이 되었지만, 법정 드라마로서는 그다지 흥미롭지 않았다. 스코프스가 법을 어겼다는 사실을 아무도 부정하지 않았다. 양측 모두 스코프스가 진화를 가르쳤다는 사실을 인정했으며, 결국 그는 유죄판결을 받고 벌금 100달러를 지불할 것을 명령받았다. 대로와 미국시민자유연합에게 이 소송의 주목적은 데이턴에서 유죄판결을 얻어낸 다음에 상급 법원에 항소함으로써 반진화법의 합헌 여부를 검토하는 것이었다. 브라이언이 스코프스를 기소한 목적은, 오만한 지식인 엘리트의 반종교적 사상으로부터 자녀들을 보호하고 싶어하는 정직한 기독교도 주민들을 위해 정치적으로 싸우는 것이었다.

어떤 사람들은 스코프스 재판을 과학과 종교의 단순한 대립으로 보지만, 윌리엄 제닝스 브라이언이 당시 했던 정치적 연설들을 보면, 기독교의 근본과 현대세계의 사회악들 사이의 갈등이 이 사건을 추동한 더 강력한 역학이었음을 알 수 있다. 브라이언은 새로 결성된 기독교 '근본주의'운동의 방어자였다. 근본주의자들은 유럽에서 일어난 제1차세계대전의 야만적 폭력에서부터 미국에서 유행한 재즈 시대의 퇴폐적 분위기에 이르기까지 도처에서 인간문명의 타락을 목격했고, 그것의 원인이자 증상이 다윈주의 확산이라고 생각했다. 기독교와 문자 그대로의 성서 해석은 이러한 사회 분위기에 대항하는 방벽이었다. 브라이언과 여타 사람들은 아이들에게 인간은 동물이라고 가르치는 것이 그들을 야만화하고 타락시킬까 두려워했다. 브라이언은 스코프스가 진화를 가르칠 때 사용한 교과서인 헌터의 『시민 생물학Civic Biology』 속 도표에 인류가 "3499종의 다른 동물들과 함께 '포유류'라는 작은 원 안에 갇혀 있다"고 적혀 있음을 지적했다.

> 인간과 하등한 형태의 생명을 구별하지 않는 것은 좀 부당한 것 같지 않은가? 어류, 파충류, 조류를 구별할 수 있을 정도로 예민하면서도 불멸의 영혼을 가진 인간을 사자, 하이에나, 스컹크와 같은 원 안에 넣어버리는 사람들의 종교에 대해서는 따지지 않더라도, 그들의 지능에 대해 우리는 어떻게 말해야 할까? 그러한

인간 비하가 아이들에게 미치는 영향이 어떻겠는가?

브라이언과 근본주의자들은 자신들이 원하는 것을 얻었다. 스코프스가 유죄판결을 받고 나서 수십 년 동안 진화는 학교의 과학 교과과정에 거의 포함되지 않았고, 그것은 진화 교육이 불법이 아닌 주들에서조차 마찬가지였다. 항소 재판에서 테네시 주 대법원은 스코프스의 유죄판결을 번복했지만, 그렇게 한 것은 미국시민자유연합이 원했던 것처럼 위헌으로 판단했기 때문이 아니라, 절차상의 문제 때문이었다. 벌금의 액수를 정하는 사람은 판사가 아니라 배심원들이어야 했다는 것이다. 반진화법이 미국의 대법원에서 마침내 도전받은 것은 그로부터 40년이 더 지난 뒤의 일이다.

창조론의 종류

'창조론'은 진화에 대한 모든 형태의 종교적 반대를 지칭하는 데 쓸 수 있는 느슨한 용어다. 그러한 반대는 과거에 여러 가지 형태를 띠었고 지금도 마찬가지다. 모든 창조론자들이 공유하는 믿음은 우주와 지구상의 생명이 신에 의해 직접적이고 초자연적으로 창조되었으며, 인간과 그 밖의 모든 종들이 현재의 형태로 제각기 따로 창조되었다는 것이다. 다시 말

16. 1920년대의 근본주의자가 그린 만화. 진화론에 대해, 미국 어린이들을 "교육의 길" 위에서 "성서의 신을 믿지 않는" 어둠의 동굴로 이끄는 새로운 선동가—"소위 과학으로 잘못 불리고 있는"—의 피리 소리로 묘사하고 있다.

해 창조론자들은 모든 동식물이 공통조상을 공유한다는 사실을 부정한다. 창조론자들이 진화를 반대하는 근거가 되는 것은, 적어도 부분적으로는, 히브리 성서든 기독교 성서든 코란이든 자신들의 성서다. 예컨대 『창세기』를 보면, 신이 엿새 동안 각 종류의 생물들을 따로 창조하고, 남자와 여자를 자신의 모습대로 만들었으며, 인간을 다른 모든 피조물보다 우위에 놓은 다음에 7일째 되는 날 쉬었다고 쓰여 있다. 킹 제임스판에는 이렇게 적혀 있다.

> 그리고 하느님이 말씀하시기를, 우리가 우리의 형상을 따라서 우리의 모양대로 사람을 만들자. 그리고 그가 바다의 고기와 공중의 새와 땅 위에 사는 온갖 들짐승과 땅 위를 기어다니는 모든 길짐승을 다스리게 하자.

코란은, 알라가 모든 것의 창조주로서 하늘과 지구와 그 안의 모든 것을 즉시 존재하게 했으며, 진흙으로 인간을 만들고 각각의 종을 따로 만들었다고 가르친다.

많은 창조론자들은 성서를 문자 그대로 해석한 것을 바탕으로 자신들의 입장을 정해왔다. 따라서 성서의 문자적 권위를 강조하는 종교적 전통들, 특히 프로테스탄트의 몇몇 종파와 이슬람교는 엄격한 창조론으로 치우치는 경향이 있다. 하지만 우리가 코페르니쿠스 천문학에 대한 논증들에서 이미 보았듯이, 성서의 어떤 부분들을 문자 그대로 받아들여야 하는지 구체적으로 지목하는 것은 쉽지 않다. 스코프스 재판 때 클래런스 대로의 반대 심문에서 윌리엄 제닝스 브라이언은, 성서의 "너희는 세상의 소금이다"라는 구절에 대해 "인간이 실제로 소금이라거나 소금으로 만든 살을 갖고 있다"라는 뜻이 아니라 "소금을 하느님의 백성을 구하는 존재라는 의미로 쓴 것"이라고 말했다. 그 구절을 문자 그대로가 아니라 "설명으로 받아들여야 한다"고 말한 것이다. 대로는 브라이언을 더 압박했다. 그는 요나가 실제로 고래에게 삼켜진 것인지 물었다. 브라이언은 고래가 아니라 "큰 물고기"였다고 바로잡고 나서, 신은 고래든, 큰 물고기든, 인간이든 무엇이든 만들 수 있고, "원하면 둘 다 만들" 수 있다고 말했다. 대로는 아담과 이브, 그리고 그 가족의 문제로 넘어갔다. 브라이언은 이브가 "정말로 아담의 갈비뼈로 만들어졌다"고 믿었을까? 브라이언은 그렇다고 말했다. 아담과 이브에게는 두 아들인 카인과 아벨이 있었다. 대로는 "카인이 아내를 어디서 구했는지 혹시 아십니까?"라고 물었다. 브라이언은 조금도 주저하지 않고 이렇게 말했다. "모릅니다. 그녀를 찾는 것은 불가지론자들의 몫입니다."

그런 다음에 대로는 명백한 과학적 사실들과 관련이 있는 질문들에 이르렀다. 성서에는 태양이 하늘에서 멈추었다고 적혀 있는데, 그 시절에는 태양이 지구 주위를 돌았다는 뜻인가? 브라이언은 아니라고 말했다. 그는 지구가 태양 주위를 돌았고, 그 구절은 지구가 회전운동을 멈추었음을 뜻하는 것이라고 말했다. 그러면 지구의 나이는 어떨까? 많은 성서들에는 창조의 시점을 알리기 위해 성서 그 자체로부터 계산한 기원전 4004년이라는 시점이 여백에 찍혀 있었다. 브라이언은 지구가 약 6000년쯤 되었다고 믿었을까? "아닙니다. 나는 지구가 그보다는 훨씬 더 오래되었다고 생각합니다." "얼마나요?" 그는 말하지 못했다. 『창세기』에 나오는 엿새 동안의 창조는 어떨까? 6일은 24시간으로 된 날들이었을까? 브라이언은 그 점에 대해서는 분명하게 말했다. "24시간으로 된 날들이었다고 생각하지 않습니다." 그는 그것이 '기간'을 의미한다고 생각했다. 신은 지구를 창조하는 데 6일이 걸렸을 수도, 6년이 걸렸을 수도, 6백만 년이 걸렸을 수도, 6억 년이 걸렸을 수도 있다는 것이다. "우리가 어떤 것을 믿든 중요하지 않다고 생각한다"라고 브라이언은 말했다. 그런 다음에 이 유명한 대화는 독설로 치달았다. 브라이언은 대로가 법정을 이용해 성서를 공격하려 한다고 주장했다. 대로는 브라이언에게 자신은 단지 "지구상의 어떤 지적인 기독교도도 믿지 않을 당신의 바보 같은 생각들"을 심문하고 있는 것일 뿐이라고 말했다.

스코프스 재판의 이 유명한 순간은 창조론이 일반적으로

갖고 있는 두 가지 중요한 특징을 보여준다. 첫째는, 기독교 창조론자들 사이에서조차 『창세기』를 어떻게 해석해야 하는지에 대해 합의가 되어 있지 않다는 점이다. 20세기 초에 많은 사람들은 브라이언이 제시한 '하루는 연대'라는 해석을 받아들였다. 그 해석에 따르면, 성서에서 말하는 '하루'는 실제로는 많은 종들이 창조된 하나의 지질 '연대'였다. 다른 사람들은 창조의 첫 순간과 엿새의 창조 사이에는 긴 '간극'이 있었다고 추론함으로써 지구가 매우 오래되었다고 주장했다. 그들은 그 간극 사이에 여러 차례의 격변과 새로운 창조가 일어났다는 식으로 화석 기록을 설명했다. '어린 지구 창조론' 혹은 '창조과학'은 창조론의 더 극단적인 버전이다. 이들의 논증에 따르면, 우리는 성서의 연대를 받아들여야 하며, 화석 기록은 잇따른 창조와 격변에 의해서가 아니라 약 5000년 전에 일어난 노아의 홍수의 결과로 설명해야 한다. 성서 다음으로 중요한 창조과학운동의 핵심 교재는 제7일 안식일 재림파의 지질학자인 조지 매크리디 프라이스(George McCready Price)의 저서들이다. 『비논리적 지질학: 진화론의 가장 큰 약점Illogical Geology: The Weakest point in the Evolution Theory』(1906)과 『새로운 지질학New Geology』(1923)은 둘 다 지질학적 증거를 최근의 전지구적 홍수로 설명했다.

프라이스의 책들은 1960년대와 1970년대에 텍사스의 침

례교도인 토목공학 교사 헨리 M. 모리스가 주도한 창조과학의 부흥에 영감을 제공했다. 모리스는 1963년에 창조연구학회를 창립했고, 1970년에는 창조연구소를 창립했다. 둘 다 이전에 존재했던 것보다 더 극단적이고 이른바 더 과학적인 형태의 근본주의 창조론을 장려하기 위해 만들어졌다. 브라이언의 반진화운동과 마찬가지로, 창조과학운동의 핵심 동기는 현대세계의 파괴적이고 퇴폐적인 영향들로부터 기독교사회를 보호하는 것이었다. R. G. 엘멘도르프(R. G. Elmendorf)가 그린 '진화 나무'는 1970년대에 진화에 대한 믿음에서 자라났다고 여겨진 악의 종류를 그림으로 보여주었다. 이 나무에는 세속주의, 사회주의, 상대주의에서부터 술, '더러운 책들' '동성애', 심지어는 테러리즘에 이르는 다양한 열매가 달려 있다. 최근에 하룬 야하(Harun Yayha)라는 필명으로 활동하는 터키 출신의 이슬람 분야 저자가 다윈주의는 '속임수'이며 '거짓말'이라고 비난하는 많은 대중서를 펴냈는데, 이 책들은 미국의 창조과학 주창자들의 기법과 논증에 의존하고 있다.

브라이언의 증언이 보여준 창조론의 두번째 일반 특징은 과학과의 이중적인 관계다. 지구가 태양 주위를 돌고 지구 역사가 6000년보다 훨씬 더 오래되었다는 사실을 브라이언이 수용한 이유는 그것을 보여주는 과학적 증거 때문이었다. 그러면 왜 그는 성서에 적혀 있는 것처럼 이브가 아담의 갈비뼈

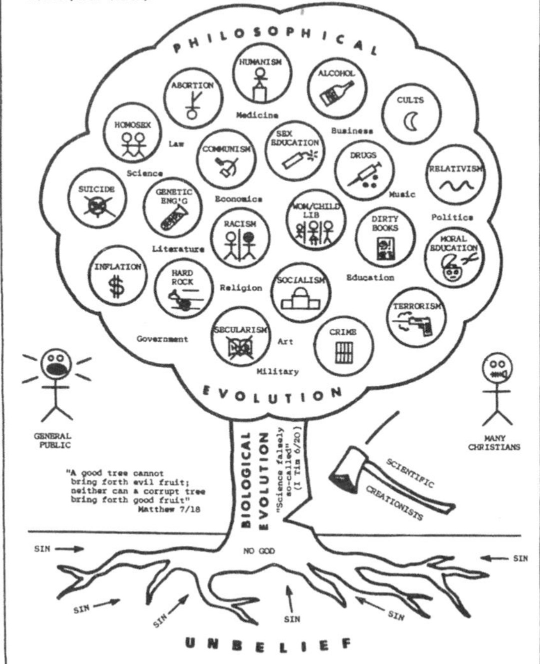

THE EVOLUTION TREE

Evolution is not just a "harmless biological theory" - it produces evil fruit. Evolution is the supposedly "scientific" rationale for all kinds of unbiblical ideas which permeate society today and concern many people. Evolution "holds up" these ideas, and if evolution is destroyed, these ideas will fall.

The "kingdom" of evolution starts with a small no-god biological idea sown in the fertile ground of unbelief. Nourished by sin, it grows up into a "tree", sending out "great branches" into education, government, medicine, religion and so forth, and eventually covering the "whole world". Then all sorts of evil ideas come and "lodge in the branches thereof" (Matthew 13/31-32, Mark 4/31-32):

What is the best way to counteract the evil fruit of evolution? Opposing these things one-by-one is good, but it does not deal with the underlying cause. The tree will produce fruit faster than it can be spotted and removed. A more effective approach is to chop the tree off at its base by scientifically discrediting evolution. When the tree falls, the fruit will go down with it, and unbelieving man will be left "without excuse" (Romans 1/21). That is the real reason why scientific creationism represents such a serious threat to the evolutionary establishment!

Pittsburgh Creation Society
Bairdford Pa 15006
R G Elmendorf

17. 1970년대의 한 창조론자가 상상한 이미지. '진화 나무'는 죄악과 불신을 먹고 자라고, 그 열매들은 다양한 세속적 이념들, 비도덕적인 행동들, 사회경제적 악들을 상징한다.

로 만들어졌고, 『창세기』의 창조 이야기가 진화론보다 우선한다고 믿었을까? 어떤 지점에서 창조론자들은 과학적 증거를 믿기를 멈추고 성서를 문자 그대로 받아들이기 시작할까? 그리고 왜 그렇게 할까? 우리가 이미 보았듯이, 진화론에서 가장 큰 불안을 야기한 것은 인간의 진화라는 문제였고, 대부분의 창조론자들이 선을 그어야 한다고 느낀 곳은 인간의 조상이 동물임을 암시하는 대목이었다.

과학에 대한 창조론자들의 이중적인 태도는 다른 면에서도 분명하게 나타난다. 많은 창조론자들은 진화와 관련한 특정한 과학적 결과들을 거부하는 반면, 과학의 성공을 흠모하면서 그 성공을 모방하고 심지어는 도용하려고 시도한다. 모리스와 창조과학자들이 근본주의적 반진화를 대안적 과학으로 포장한 이유 중 하나는, 공립학교에서 진화과학의 대안으로 창조론을 가르치게 하려는 자신들의 바람을 이루기 위해서였다. 하지만 창조과학운동에 과학적 기반을 제공한 두 권의 지질학 책을 쓴 프라이스는 이 문제가 쟁점으로 떠오르기 전에 그 책들을 썼다. 그는 자연에 대한 성서적 이해와 과학적 이해를 둘 다 제공하기를 진정으로 원했다.

20세기에 쓰인 이슬람과 종교에 관한 가장 인기 있는 책들 중 한 권은 이슬람교도 의사 모리스 뷔카유(Maurice Bucaille)가 쓴 『성서와 코란과 과학The Bible, The Quran and Science』이다.

1976년에 출판된 이 책은, 코란(기독교의 성서는 아니다)에 계시된 신의 말씀에는 현대과학에 비추어 볼 때만 이해할 수 있는 많은 진술들이 포함되어 있다고 주장한다. 뷔카유로 인해 이슬람 해설가들 사이에는, 코란에서 우주의 팽창과 유성생식 메커니즘을 포함한 다양한 과학적 발견들을 암시하는 듯한 구절을 찾는 활동이 대유행했다. 다른 이슬람학자들은 코란에서 현대과학을 찾는 뷔카유의 시대착오적인 시도와 미국에서 수입한 야하의 창조론을 둘 다 거부하면서, 진정으로 과학적인 반면 코란과 양립할 수 없는 순수한 물질주의적 해석과는 거리를 두는 '이슬람 과학'을 생산할 방법을 찾는다.

헌법 수정조항 제1조

지적설계는 엄밀하게 말하면 창조론의 한 형태가 아니다. 지적설계의 주창자들은 성서를 문자 그대로 해석하려는 노력은 고사하고 성서를 언급조차 하지 않으며, 지질 증거와 화석 증거를 성서에 언급된 홍수로 설명하지도 않는다. 그들은 지구와 인류가 오래되었다는 사실을 받아들이며, 마이클 비히 같은 자유주의적인 ID 이론가들의 경우에는 인간과 그 밖의 모든 생명 형태들이 공통조상을 공유한다는 사실도 부정하지 않는다. 비히는 표준 진화론을 거의 받아들이지만, 최초 세포들의 생화학적 기작 같은 매우 중요한 특정 현상들은 지적설계자의 개입을 전제하지 않고는 설명할 수 없다고 주장한다. 다른 ID 주창자들은 약 5억 3000만 년 전에 새롭고 복잡한 생명 형태들이 대거 출현한 '캄브리아기 대폭발'도 지적인 개입을 전제하지 않고는 설명할 수 없다고 주장한다. ID를 옹호하는 사람들은 앞 세대의 '창조과학자'들보다 훨씬 더 과학적 담화의 테두리 내에 용의주도하게 머물고, '설계자'와 '지능'을 언급하면서도 신은 절대 언급하지 않으며 성서도 언급하지 않는다. 어떤 사람들은 그들의 이러한 입장은 그들이 하는 일의 과학적 성격을 반영하는 것이 아니라, 자신들의 견해가 미국 공립학교의 교실에 들어가기 위해서는 가능한 한 과학자처럼 보이고 들려야 할 필요가 있다는 사실을 영리하게 깨우쳤음을 보여주는 것일 뿐이라고 생각한다.

미국헌법 수정조항 제1조인 국교금지조항은 정부가 "국교를 정하는" 어떤 법도 통과시키는 것을 금지한다. 원래 의도는 공무에서 종교를 완전히 배재하는 것이 아니라, 기독교의 어떤 특정한 형태가 영국국교회처럼 국교가 되는 일이 없게끔 하는 것이었다. 또한 이 조항이 토머스 제퍼슨이 말한 "교회와 국가를 분리하는 벽"을 만드는 데 도움이 될 것이라는 더 폭넓은 바람도 존재했다. 국가 공무원들이 "성서의 가르침대로 신이 인간을 창조했다는 이야기'와 모순되는 말을 하지 못하게 하는 법령을 제정하는 것은 표면적으로는 그 벽에 구멍을 뚫는 일로 보일 수 있었다.

20세기 중반부터 미국 대법원은 공립학교에서 국교금지조항을 준수하는지를 점점 더 적극적으로 감시하기 시작했다. 학교에서 묵도를 하거나, 종파적으로 중립적인 기도문을 읽는 시간을 허락하거나, 십계명을 교실 벽에 붙이라고 요구하는 주정부 법들은 모두 위헌으로 선언되었다. 스코프스 시대로부터 내려온 반진화법도 1960년대에 마침내 비슷한 헌법적 근거로 도전을 받았다. 아칸소 주의 젊은 생물 교사 수전 애퍼슨은 미국시민자유연합의 지원을 받아, "인류가 하등동물에서 유래했다는 이론 또는 교의"를 가르치는 것을 불법으로 규정한 1928년의 주정부 법에 도전했다. 이 소송은 결국 미국 대법원까지 갔고, 대법원은 그 법이 헌법 수정조항 제1조에 위배된다고 판결했다. 대법원은 1968년 11월에, "근본주의 종파의 신념이 그 법의 존재 이유였고 지금도 그렇다"라고 선언했다. 애퍼슨 사건은 약 20년 뒤에 지적설계운동을 야기하는 법적 절차의 시작이 되었다.

1970년대에 창조론 진영은 새로운 전략을 채택하고, 교실에서 두 가지 대안적인 과학 이론에 '균등기회' 내지 '동등한 시간'을 제공하는 것을 의무화하는 법을 제정하자는 운동을 벌였다. 두 과학 이론이란 '진화과학'과, 성서를 언급하지 않은 채 인간과 유인원의 조상은 따로 있고 "지구와 생물이 비교적 최근에 생겨났다"고 주장하며 지질학적 증거를 "전 세계적인 홍수 같은 격변"으로 설명하는 새로운 버전의 '창조과학'을 말한다. 이 조치들은 법령집에 오래 머물지 못했다. 아칸소 주의 균등기회법은 1982년에 주 법정에서 헌법 수정조항 제1조에 근거하여 폐지되었다. 1987년에는 루이지애나 주가 통과시킨 비슷한 법이 연방 대법원에 회부되었다. 대법원은 학문의 자유를 장려한다는 그 법령의 세속적인 목적은 가짜이고, 실제 목적은 "초자연적 존재가 인류를 창조했다는 종교적 관점을 개진하는 것"이라고 판결했다. 이 법은 주목적이 "특정한 종교적 교의를 지지하는 것"이었기 때문에 수정조항 제1조의 국교금지조항에 위배되었다.

따라서 1990년대 초에 성서에 기반한 반진화법들이 줄줄이 위헌 판결을 받았고, 진화와 '창조과학'에 '균등한 기회'를 요구하는 법들도 같은 길을 걸었다. 하지만 여론조사 결과는 여전히 미국인의 45~50퍼센트가 인간은 지난 1만 년간의 어느 시점에 현재의 형태로 신에 의해 창조되었다고 믿는다는 사실을 보여주었다. (이 수치는 오늘날도 같고, 나머지 사람들의 대부분은 인류가 어떤 식으로든 신의 안내를 받는 진화 과정을 통해 진화했다고 생각한다.) 이러한 유권자들의 지지를 얻으려는 의회 의원들과 교육위원회 위원들은 과학의 옷을 입혀 신을 교실로 되돌려보내기 위해 새 전략을 개발할 필요가 있었다. 그래서 '지적설계'운동이 탄생한 것이다. 미국 전역의 교육위원회와 주의회 의원들은 ID를 과학 교육에 포함시키는 조치들을 검토했다. 하지만 2005년에 존스 판사가 도버 학군 교육위원회의 정책을 종교적 의도가 명백하다는 이유로 헌법 수정조항 제1조에 위배된다고 판결한 것은, ID가 종교적 동기를 품은 앞 세대의 반다윈주의만큼이나 법정에서 성공하지 못할 것임을 강하게 시사한다. 헌법 수정조항 제1조는 앞으로도 제 소임을 계속할 것이다.

1925년에 윌리엄 제닝스 브라이언은, 해결해야만 하는 중요한 정치적 질문은 "누가 공립학교를 통제할 것인가?"임을 알았다. ID에 대한 논쟁은 이 질문에 답하려고 시도할 때 일어나는 사회적 갈등을 계속해서 불러일으킨다. 브라이언은 진화론을 믿는 교사가 "기독교 지역사회의 학교에 임용되어 성서의 내용이 사실이 아니라고 가르치는 것"과 "납세자와 부모들의 바람에 반해 자신의 의견을 학생들에게 강요하는 것"을 허락해서는 안 된다고 말했다. 브라이언은 "교육위원회 선거는 무엇보다 중요한 선거일 수 있는데, 그것은 부모들이 그 어떤 정치적 정책보다도 자녀와 자녀의 종교에 큰 관심을 갖고 있기 때문"이라고 예측했다. 미국의 많은 지역에서 브라이언의 예측은 사실로 드러났다. 실제로 몇몇 경우, 창조론법을 폐지하기로 한 법원의 결정들은 부모와 납세자들의 바람에 반해서 이루어졌다. 하지만 윌리엄 오버튼 판사가 1982년에 아칸소 주의 '균등기회'법을 위헌이라고 판결할 때 말했듯이, "헌법 수정조항 제1조의 적용과 내용은 여론조사나 다수결 투표에 의해 결정될 문제가 아니다". 크든 작든 어떤 집단도 "자신의 종교적 믿음을 타인에게 강요하기 위해 정부기관을 이용"할 수 없으며, "정부기관들 가운데 공립학교는 가장 눈에 잘 띄고 영향력이 큰 곳"이다.

하지만 브라이언의 시대로부터 많은 것이 바뀌었다. 최근 들어 과학 교과과정에서 ID를 제외시키는 일에 앞장서는 쪽은 법원이 아니라 민주적 과정 그 자체가 되었다. 도버와 그 밖의 다른 지역들에서, 진화를 경시하거나 ID를 언급하기 위해 과학의 기준을 바꾼 교육위원회 위원들은 일반적으로 다음 선거에서 퇴출당했다. 부모와 납세자들이 투표함을 통해 최종 발언을 하게 하는 것이 최선이라는 브라이언의 말은 결국 옳았던 것일까?

복잡성을 설명하는 문제

하지만 법원과 국민이 ID를 가르치는 것에 반대하지 않는다고 가정해보자. 또는 과학 수업에서 ID를 가르칠 수 있는지에 대한 문제가 미국처럼 국가와 종교를 엄격하게 분리하지 않는 나라에서 일어난다고 가정해보자. 그때는 어떨까? 그렇다 해도 ID를 과학 수업에 합당한 주제로 여길 사람은 많지 않을 것 같다. 그러한 제안에 대한 훌륭한 과학적, 신학적, 교육적 반론이 충분히 존재한다.

우선 ID에 대한 과학적 반론부터 시작하면, 두 가지 상호 관련된 반론이 있다. 첫째로, ID의 주장과 달리 진화론은 생물의 복잡성을 설명할 수 있다. 둘째로, ID는 일관된 대안 이론을 제공하지 않은 채 진화과학의 빈틈만을 찾는다는 점에서 지나치게 부정적이다.

'환원 불가능한 복잡성'에 대한 논증들은 매우 오래된 반다윈주의 논증의 새로운 형태다. 즉 어떤 구조의 일부만을 포함한 중간 형태는 적응적이지 않았을 터이므로 복잡한 구조들은 자연선택에 의해 진화할 수 없었다는 논증이다. 일부만 있는 눈, 반쪽짜리 날개, 4분의 3만 있는 편모를 어디에 쓸 것인가? 일반적으로 진화론자들은 중간 형태가 실제로 존재했으며 적응적이었음을 보여주는 증거를 화석이나 살아 있는 종에서 찾아냄으로써 이 반론에 대응할 수 있었다. 눈의 경우 다윈이 직접 빛 감지 세포들에서부터 인간과 여타 동물들의 복잡한 '카메라' 눈에 이르는 다양한 형태의 눈을 거론하면서, 이 모두가 각기 적응적이며 다음 단계로 순차적으로 진화할 수 있었음을 보여주었다. 오늘날의 과학자들은 이 완전한 진화 과정이 단 50만 년 내에 일어날 수도 있었을 것이라고 추측한다. 날개의 전구체들이 지녔던 이점도 밝혀냈다. 예를 들어 깃털은 처음에는 보온을 위해 진화했다가 자연선택에 의해 매우 다른 기능인 비행을 돕는 일에 쓰이게 된 것 같다. 생화학 메커니즘의 경우에는 이러한 시나리오를 구상하기가 어려운데, 깃털과 달리 화학반응들은 화석화되지 않기 때문이다. 하지만 현재 살아 있는 종들에서 나온 증거를 이용해 진화 시나리오를 재구성하는 것이 가능하다. 예를 들어, 유명한 박테리아 편모의 경우에 그렇게 할 수 있었다. 이 시나리오에 따르면, 편모는 박테리아가 숙주 세포에 독성 단백질을 주입할 때 쓰는 매우 비슷한 현존하는 구조(제3형 분비계Type three secretory system라고 한다)를 이용해 진화했다. 따라서 "일부만 있는 눈, 반쪽짜리 날개, 4분의 3만 있는 편모를 어디에 쓸까?"에 대한 답변은 "각기 빛 감지, 보온, 독성물질 주입"이다.

ID에 대한 두번째 반론은 그 부정적인 성격에 대한 것이다. 이 점에서 ID는 과학적 창조론과 차이가 있다. 이전의 창조론자들은 성서에 기반한 과감하고 틀린 주장이긴 했어도 대안 이론을 제시했다. 즉, 지구가 수천 년밖에 되지 않았고, 지질학적 증거는 최근에 일어난 전 세계적인 홍수로 설명할 수 있으며, 인간은 다른 동물들과 조상을 공유하지 않았다는 것이다.

반면 ID를 주창하는 사람들은 돌연변이와 자연선택에 의해 진화할 수 없을 만큼 '특정한 복잡성'을 보인다고 생각되는 현상들(예컨대 캄브리아기 대폭발이라든지, 혈액응고 연쇄반응)을 찾아내고, 그 지점에서 돌연 지적설계자라는 엉성한 개념을 꺼내 더 탐구할 여지를 차단한다. ID 이론은 진화과학이 이러한 현상들을 설명할 수 없다는 것 외에는 어떤 새로운 예측도 하지 못한다. ID 이론가들은 어디까지가 진화로 설명할 수 있는 것이고 어디까지가 지적설계자가 필요한 것인지 명료한 선을 제시하지 못한다. 따라서 편모의 경우처럼 그들이 자주 드는 예에 대해 훌륭한 진화적 설명이 나오면, 비록 시간은 걸리겠지만, 그들이 '설계자'가 필요하다고 주장한 사례의 수가 확실하게 줄어들 것이다.

ID에 대한 주된 신학적 반론들 중 하나는 마지막에 지적한 문제와 직결된다. 완전한 진화적 설명이 현재로서는 어려운 일군의 자연현상을 설명하기 위해서는 초자연적 존재를 개입시켜야 한다고 주장하는 ID 이론가들은, 3장에서 이야기한 '틈새의 신'을 상정하는 것처럼 보인다. 진화과학의 틈새가 자연적 설명으로 채워지면 신은 점점 더 바깥으로 밀려날 것이다. 땜질을 거듭하는 ID의 신, 우리가 아는 것보다는 모르는 것에서 발견되는, 자연세계에서 이따금씩만 관찰되는 이러한 신은 과학자에게만큼이나 신학자들에게도 매력적이지 않다.

그런 이유로, 위에서 언급한 대로 ID에 반대하는 공개 서한에 수천 명의 성직자가 서명하게 된 것이다.

그것은 과학인가?

1982년 아칸소 주 사건의 오버튼 판사와, 2005년 펜실베이니아 주 사건의 존스 판사는 둘 다 창조과학과 ID가 각기 헌법 수정조항 제1조에 위배될 뿐 아니라 어떤 경우에도 제대로 된 과학이 아니라고 선언했다. 우리는 창조론과 ID가 진정한 과학을 특징짓는 한 가지 또는 그 이상의 기준들을 충족시키지 못하기 때문에 과학이 아니라는 주장을 흔히 듣는다. 과학을 '구분하는 기준'으로는 다양한 후보가 거론된다. 어떤 사람들은 진정한 과학은 경험적으로 검증 가능해야 한다고 말하고, 어떤 사람들은 '반증 가능한' 주장이어야 한다고 말하며, 또 어떤 사람들은 자연법칙과 자연 과정들의 관점에서만 설명을 제공해야 한다고 말한다.

과학철학자들은 과학을 구분하는 진정으로 일관된 기준을 찾을 수 있을 가능성에 대해 수십 년 전보다 훨씬 덜 낙관적이다. 가장 흥미로운 주장들을 포함한 많은 과학적 주장들은 경험적으로 직접 검증할 수 없고, 오로지 복잡하게 얽혀 있는 보조적인 이론적 가정들과 과학 도구들을 통해서만 검증할 수 있다. 예컨대 빅뱅의 수학적 모델은 직접적인 관찰을 통해 검증할 수 없고, 대규모 입자가속기에서 특정한 반응이 일어날 때 측정 도구가 어떻게 행동할지 예측함으로써 간접적으로만 검증할 수 있다. 창조과학자들은 지구의 나이와 모든 종의 개별 조상에 대해 분명하게 검증할 수 있는 주장들을 했다. ID는 매우 단순하고 대체로 부정적인 종류의 이론이지만, 그럼에도 경험적으로 검증할 수 있는 주장들을 확실히 생산할 수 있다. 예컨대, 혈액응고 연쇄반응이나 박테리아의 편모 같은 특정한 과정 및 구조의 경우에는 적응적인 전구체를 결코 발견하지 못할 것이라는 주장이 그중 하나다. 창조론자들과 ID 주창자들은 검증 가능한 주장들을 정기적으로 제시해 왔고, 이러한 주장들이 부실하다는 것이 검증을 통해 잇따라 밝혀졌다.

또한 훌륭한 과학자들은 일관되지 않은 경험적 증거에 직면해서도 자신들의 이론을 고수하고, 자신들의 이론이 '반증되었다'고 선언하기보다는 그 증거를 재해석하려고 시도한다. 편모의 진화에 (혹은 다른 많은 기관들이나 생화학적 과정들의 진화적 역사에) 있었던 모든 단계를 밝혀낼 수 있는 진화론적 설명은 아직 존재하지 않지만, 그렇다고 해서 과학자들이 신다윈주의가 '반증되었다'고 선언해야 하는 것은 아니다. 현대 진화론의 틀은 여러 세대 동안 축적되고 해석된 방대한 규모의 증거들을 성공적으로 설명하고 통합해낸다. 이 이론적 틀은 화석 증거, 종의 지리적 분포, 관련된 동식물들 사이의 신체적 유사성, 진화적 전구체의 증거가 되는 흔적기관들을 납득할 수 있게 설명해낸다. 최근에는 유전자 염기서열 분석이 발전하면서 새로운 종류의 방대한 증거가 생산되고 있고, 이러한 증거들은 진화론을 확인시켜주는 한편 새로운 종류의 광범위한 수수께끼와 변칙들을 찾아낸다. 훌륭한 과학자는 수수께끼와 변칙에 직면하는 경우, 잘 입증된 이론으로 연구할 때는 특히, 자신들의 이론이 반증되었다고 선언하지 않고, 그러한 수수께끼를 풀고 변칙들을 해결하기 위해 새로운 실험을 고안하고 새로운 이론적 모델을 세운다. ID 이론가들의 핵심 주장은 모두 반증된 것처럼 보인다. 하지만 그들은 자신들의 이론을 고수하면서 증거에 대한 대안적 해석을 찾으려고 함으로써 일면 훌륭한 과학자들이 하는 행동을 하고 있다. 하지만 중요한 차이는, ID 지지자들은 자신들의 이론에 확신을 가질 타당한 이유를 갖고 있지 못하다는 것이다.

따라서 검증 가능성과 반증 가능성은 과학을 구분하는 만족스러운 기준이 아니다. 그러면, 제대로 된 과학 이론이라면 완전한 자연적 설명을 제공해야 한다는 주장은 어떨까? 이것은 비교적 새로운 교의다.

아이작 뉴턴도 찰스 다윈도 자연세계에 대한 자신들의 과학적 설명에서 신이 완전히 배재되어야 한다고 생각하지 않았다. 17세기와 19세기 사이의 과학 이론들에서 신은 일반적으로 땜장이보다는 법률가로 등장했지만, 19세기 후반까지 전문적인 과학 논의에서 신이 완전히 배재되지 않았다. 21세기에 초자연적 원인에 호소하는 ID 이론가들은 과학자들이라 보기에는 확실히 예외적이고 기이하며 관행을 벗어나 있지만, 그것이 그들을 과학의 영역에서 완전히 배제해야 하는 이유가 되지는 않는다. 주류 과학을 방어하는 사람들이 미래에 성공적인 과학 이론의 일부로 등장할지도 모를 요소들을 예단함으로써 이념적이고 교조적으로 보일 필요는 없다.

요컨대, 철학적 구분을 무기로 ID를 반대하는 사람들은 공연히 자기 무덤을 파는 것일지도 모른다. 미국에서라면, 창조론이나 ID를 가르치는 것을 의무화하는 정책을 법령집에서 퇴출시키려면 그 정책의 종교적 의도와 효과를 지적하는 것으로 충분하다. 또한 미국은 물론 다른 나라들에도, 과학자, 신학자, 유권자, 판사들이 많은 위험이 도사리는 철학적 구분이라는 영역에 발을 딛지 않고도 ID를 거부할 수 있는 타당한 이유들이 많이 있다.

교실로 돌아가서

ID운동의 가장 최근의 슬로건은, 예전의 '균등기회'를 달라는 요구를 판박이처럼 되풀이하는 것처럼 보이는, '논란을 가르치라'다. ID의 교과서인 『판다와 사람Of Pandas and People』을 펴낸 출판사는 이 책이 "의문을 품고 회의적으로 조사하는 사고방식을 장려함으로써 과학 교육의 잘 알려진 목표에 부응한다"고 말한다. 다른 ID 주창자들은 자신들이 과학에 대한 대중적인 논의를 진전시키고, 더 포괄적이고 "논란에 기반한 생물학 커리큘럼"을 장려하기 위해 노력하고 있다고 주장한다. 이는 솔직하지 못한 주장이다. 물론 과학은 끊임없는 비판, 의문, 논란 속에서 발전한다. 그러한 논란들은 과학을 가르치는 매우 유용한 방법이 될 수 있다. 진화과학에 대한 잔소리꾼 내지는 촉매제로서 기능하는 선까지는 ID 이론가들이 가치 있는 과학적 기능을 수행한 것이다. 하지만 ID는 실제로는 교육개혁을 위한 운동이 아니다. 문제의 '논란'은 실질적인 과학적 의견 불일치로부터 비롯된 것이 아니라, 미국의 기독교도 부모들을 겨냥한 혼연일치된 홍보 활동의 산물이다.

설령 우리가 너그럽게 생각해서 ID를 일종의 과학으로 친다 해도, 그것은 엄청나게 모호하고 성공적이지 못한 종류의 과학이다. 만일 미래에 ID가 진지하고 유용한 과학 연구 프로그램의 토대가 되어 과학계의 상당수 사람들을 그 견해로 돌아서게 한다면, 그때 ID를 과학 커리큘럼에 포함시키는 방안을 논의하는 것이 타당할 것이다(헌법 수정조항 제1조의 반대를 어떤 식으로든 극복한다면). 현 시점에서 ID는 비주류의 극소수를 빼고는 과학계로부터 외면당하고 있으며, 분명한 종교적인 이유로 폭넓은 대중을 설득한다. "논란에 기반한 생물학 커리큘럼"에 포함시킬 만한 흥미로운 과학적·철학적 논란들은 그 밖에도 무수히 많다. 하지만 많은 논란들이 커리큘럼에 포함되지 못하는 것은 기술적으로 너무 어렵고, 주류 과학과 너무 동떨어져 있으며, 정치적이고 이념적인 이유로 특수한 이익집단에 의해 생산된 것이기 때문이다. ID에 대한 논쟁은 이 세 가지에 모두 해당한다. 그리고 정치적, 법적, 과학적, 신학적 이유 외에, ID를 과학 교실에서 배제해야 하는 완벽한 교육적 이유 또한 존재한다.

진화와 ID 중 어느 것이 더 나은지에 대한 과학적인 논란은 존재하지 않는다. 창조론과 ID에서 주목해야 할 논란은, 과학의 본성과 과학의 사회적 위치와 관련한 질문들이다. 공립학교의 과학 시간에 무엇을 가르쳐야 하는가에 대해 최종 발언을 해야 하는 사람은 유권자일까, 선출된 정치인일까, 판사일까, 과학 전문가일까? 현대 미국은 왜 반진화운동이 성장하는 비옥한 땅이 되었을까? 신을 과학적 방법을 통해 발견할 수 있을까? 검증 가능성, 반증 가능성, 자연주의, 혹은 이들의 어떤 조합이 과학을 구분하는 성공적인 기준이 될 수 있을까? 비교종교학과 과학사 및 과학철학을 가르치는 곳이라면 창조론과 ID를 연구할 필요가 있다. 실제로 과학 교과과정에서 ID를 계속해서 배재한 결과 ID의 옹호자들이 그러한 교과목들을 공립학교의 커리큘럼에 포함시키라는 운동을 시작한다면, 미국이란 나라에서 일어나고 있는 특수한 논란으로부터 훌륭한 교육적 성과가 나올 가능성도 있을 것이다.

제 6 장

마음과 도덕

지금까지 보았듯이 모든 전통에서 진화에 대한 종교적 반응은 언제나 인간 본성에 관한 질문들에 맞추어져 있다. 신자들은 이렇게 묻는다. 신의 모습대로 창조된 인간이 어떻게 버섯을 사촌으로 둔 진보한 유인원에 지나지 않을 수 있는가? 만일 인간이 하등한 생명 형태에서 물리적으로 진화했다면, 어느 시점에 이성적인 영혼이 생겨났는가? 19세기부터는 뇌와 마음에 관한 과학 연구들까지 종교적 믿음에 대한 도전에 가세했다. 만일 과학이 말하는 대로 영혼이 뇌 활동의 산물에 지나지 않는다면, 그것은 유물론, 결정론, 완전한 무신론을 의미하는 것이 아닌가? 그러한 견해가 옳다면 이번 생에서의 도덕적 책임과 내세에서의 보상 및 처벌에 대한 믿음은 어떻게 되는 것인가?

많은 사람에게 있어서 과학과 종교에 대한 논쟁은 온통 마음과 도덕에 대한 이러한 질문들과 관련이 있다. 신자들은 인간의 의식, 도덕, 심지어는 종교 그 자체도 과학적으로 설명할 수 있다는 생각을 받아들이지 못한다. 종교적 경험과 인간의 도덕을 자연현상으로 설명할 수 있다는 것은 그러한 것에 대한 초자연적 설명이 더이상 필요하지 않다는 뜻처럼 보인다. 그리고 자연적 설명을 지지하는 것은, 종교적 믿음은 착각이고 과학이 그러한 믿음의 진정한 기원을 설명할 수 있음을 증명하는 운동의 한 부분이 되기도 한다.

이 장에서는 마음과 도덕에 대한 과학 연구가 실제로 무엇을 의미하는지 생각해볼 것이다. 또한 이타주의와 동성애를 포함한 인간 행동들이 자연적인 것이라는 과학적 주장이 윤리적으로 어떤 의미를 가질 수 있는지도 생각해볼 것이다. 끝으로, 정상과 이상의 구분을 정의하고 강화하는 것이나 미래에 대한 비전을 이용해 현재의 행동을 바꾸는 것 같은, 예전에는 종교가 했던 역할을 이제는 과학과 의학이 이어받고 있는 듯하다는 이야기로 이 장을 마칠 것이다.

영혼과 불멸

과학자들이 인간의 마음으로 관심을 돌리기 시작했을 때, 그들은 수백 년 동안 종교적 삶과 사고의 중심에 있었던 영역에 접근하고 있었던 셈이다. 모든 종교가 성서를 숭배하는 것은 아니며, 창조주에 대한 믿음을 갖고 있는 것도 아니다. 하지만 동양이든 서양이든 모든 종교적 전통은 지혜와 구원을 마음에서 찾을 수 있다고 가르친다.

종교적 삶의 중심에 있는 감각, 사고, 감정 등을 지칭하는 말로 여러 가지 단어들이 쓰인다. 역사적으로 가장 일반적으로 쓰였던 말은 '마음'과 '영혼'으로, 두 단어는 때로는 동의어처럼 쓰이고, 때로는 하나가 다른 하나를 포함하는 말로 쓰인다. '자아' '정신' '의식'도 마음의 보다 일반적인 면모 또는 특정한 면모를 뜻하는 비슷한 말로 쓰일 수 있다. 전문적인 문헌에서는 이 단어들의 정확한 뜻에 대해 합의가 거의 되어 있지 않다. 하지만 확실한 것은, 종교의 관심사는 이 말들이 지칭하는 현실들이라는 것이다. 종교는 개인들에게 명상과 기도, 의식과 예배 같은 정신적 활동들을 이용해 더 깨인 상태, 자각, 도덕적·종교적 힘을 얻는 방법을 가르친다. 또한 각 개인에게는 영혼이 있으며, 그 영혼의 상태와 영원한 운명은 이번 생에서의 행동에 의해 결정된다는 것도 가르친다.

불멸, 부활, 재생, 환생, 윤회에 대한 다양한 종류의 가르침이 다양한 종교적 전통들에 등장한다. 세 개의 유일신 종교 사이에서, 심지어는 그 내부에서조차 하는 말이 서로 일치하지 않고 강조하는 지점도 서로 다르지만, 우리는 몇 가지 공통 요소를 골라낼 수 있다. 유대교, 기독교, 이슬람교는 모두 내세가 있으며, 사후의 삶은 육체의 부활이나 육신을 떠난 영혼의 생존, 또는 둘 다의 형태를 띤다고 가르친다. 이 종교들은 또한, 내세에 어떻게 되는가는 각자의 영혼 상태에 달려 있다고 가르친다. 신이 인류를 두 범주로 나누는 심판의 순간이 올 것이고, 그 구분은 선택된 자와 저주받은 자, 신자와 신자가 아닌 자, 의인과 악인 같은 다양한 형태로 상상된다. 선택받은 사람들은 신과 함께 영원한 평화와 기쁨을 누리게 되고, 불운한 나머지 사람들은 벌을 받게 된다. 기독교와 이슬람교의 가르침에 대한 전통적 해석에 따르면, 신이 선택한 사람들 사이에 속하지 못한 사람들은 영원한 지옥불에 떨어진다. 유대교에서는 지옥에 대한 개념이 덜 명확하다. 유대교의 몇몇 가르침에 따르면, 지옥에서의 처벌은 영원한 축복을 위한 일시적인 서막에 불과하다. 신이 선택받은 자와 저주받은 자를 나누는 돌이킬 수 없는 최종 심판을 내리는 종교적 전통들에서 이를 구분하는 정확한 기준은, 그 종교에서 결정적인 기준으로 간주하는 것이 무엇인가에 따라 신의 의지, 또는 종교적 믿음, 또는 선행이 된다. 그런데 각 영혼에 대한 신의 의지는 알 수 없다거나, 선행보다는 믿음이 더 중요하다고 강조하는 사람들조차, 신의 선택을 받은 사람들은 이 생에서 의로운 삶을 산 사람들이라고 믿는다. 설령 의로움 그 자체가 구원의 이유가 아니라 하더라도 그렇다. 여기서 주목해야 하는 중요한 사실은, 내세에 대한 종교적 믿음은 언제나 이번 생에서 어떻게 사는가라는 윤리적·사회적 질문과 밀접한 관련이 있었다는 것이다.

뇌와 마음

뇌가 마음의 기관이라는 사실이 현대의 과학 연구를 통해 점점 명확해졌다. 이 발견은 영혼 불멸과 내세에 대한 전통적 믿음에 의문을 불러일으켰다.

뇌와 마음의 관계를 정확하게 밝히려는 19세기의 시도들 중에 '두개학' 또는 '골상학'이라는 것이 있다. 뇌의 서로 다른 부위들의 발달 상태를 두개골 모양을 보고 알 수 있다는 이론이다. 두개골의 '돌출부' 아래 놓인 뇌의 서로 다른 부위들은 아이에 대한 사랑, 비밀스러움, 자존감 같은 각기 다른 마음의 성질들과 관련이 있다고 여겨졌다. 따라서 골상학자들은 사람들의 머리 모양을 보고 마음의 능력들에 대해 말해줄 수 있었다. 이러한 활동은 빅토리아 시대 영국에서 한동안 크게 유행했으며, 별점 치기와 같은 기능을 했다. 사람들은 자연의 비밀스러운 작동 원리에 대한 특별한 이해를 지닌 사람들에게서, 자신의 뇌 돌출부가 자기 성격이나 미래의 운명에 대해 무엇을 알려주는지 듣는 일에 매혹을 느꼈다.

골상학의 내용은 모두 틀렸지만, 서로 다른 마음의 기능들이 뇌의 각기 다른 부위들과 관련이 있다는 기본적인 생각은 과학적으로 쓸모 있는 것으로 밝혀졌다. 과학자들은 질병이나 부상으로 뇌가 손상된 환자들을 연구하면서, 뇌의 각 부위에 대해 더 정확하게 알 수 있게 되었다. 1860년대에 프랑스인 의사였던 폴 브로카(Paul Broca)는 뇌의 전두엽 부위에서 말하는 기능을 담당하는 '브로카 영역'이라는 부분을 발견했다. 피니어스 게이지(Phineas Gage)라는 사람의 특별한 사례는 또다른 통찰을 제공했다. 게이지는 미국 버몬트 주의 철도 노동자였다. 1848년 9월에 게이지는 1미터 길이의 쇠막대가 뇌를 관통하는 사고를 당했다. 다이너마이트 폭발로 튄 쇠막대가 왼쪽 볼을 뚫고 들어와 머리 꼭대기로 나왔던 것이다. 놀랍게도 게이지는 사고 후에도 멀쩡해 보였다. 하지만 전두엽 손상이 그의 성격을 크게 변화시켰다는 것이 곧 분명해졌다. 그는 다른 사람들에 대한 공감 능력을 잃었고, 그의 사회적 행동은 예측 불가능하고 변덕스러워졌다. 게이지의 사례는 서로 다른 뇌 부위들의 기능이 자세히 밝혀진 계기가 된 수천 가지 사례

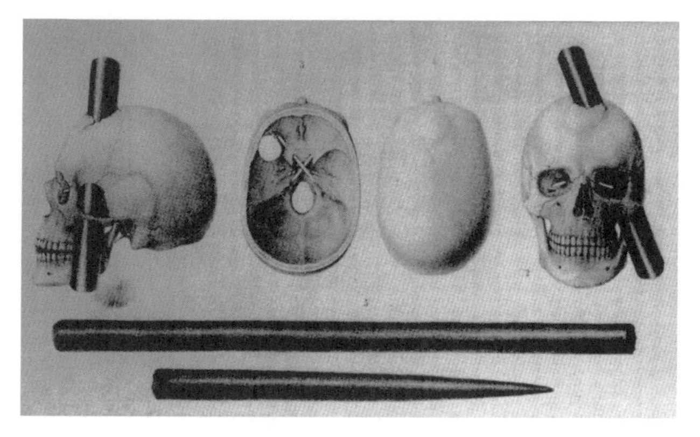

18. 1848년에 피니어스 게이지의 머리를 관통한 쇠막대와, 그 쇠막대가 두개골을 뚫고 지나간 경로를 보여주는 그림.

중 인상적인 한 가지일 뿐이다.

더 최근에는 뇌 영상 기술의 발명으로 뇌 연구를 더 정밀하게 실시할 수 있게 되었다. 이러한 기술은 뇌의 서로 다른 부위들의 역동적인 상호관계를 보여주고, 손상된 뇌뿐 아니라 멀쩡한 뇌의 작동에 대해서도 많은 사실들을 알려주었다. 신경과학자들은 심지어는 자기장을 이용해 뇌 부위들을 실험적으로 자극하면서 그것이 피험자의 마음 상태에 어떤 영향을 미치는지도 연구할 수 있다. 이러한 기법들은 마음의 다른 능력들뿐 아니라 종교적 경험에도 적용되었다. 요즘 불교 승려들과 가톨릭 수녀들은 영적 경험에 대해 연구하는 신경과학자들로부터, 기능적 자기공명영상(fMRI) 기계에 들어가달라거나 전극이 달린 특수 고무모자를 써달라는 요청에 시달리는 듯하다.

이러한 연구들 가운데 몇몇은 종교적 경험에 특별히 관여하는 특정한 뇌 부위가 있을 가능성을 제기했다. 측두엽뇌전증 환자들이 종교적 경험에 민감한 것 같다는 사실을 토대로 측두엽이 한 가지 후보로 거론되었다. 미국 신경과학자 마이클 퍼싱어(Michael Persinger)는 피험자들에게 종교적 경험을 유도하기 위해 뇌의 그 부위를 자극하는 장치를 만들어냄으로써 이 아이디어를 한 걸음 더 발전시켰다. '경두개 자기자극 장치' 또는 '하느님 헬멧'이라고 불리는 그 장치를 이용한 실험은 논쟁의 여지가 있는 결과들을 낳았다. 하지만 그 실험에 참가한 많은 사람들이 신비한 존재감 또는 초월적 일치감을 느꼈다고 보고했다. 다른 연구들은 명상 상태에 관여하는 뇌 부위로 다른 위치들을 지목했다. 그리고 어떤 최신 연구는 단 하나의 '하느님 감지 영역'은 존재하지 않는다고 주장하기도 한다. 예를 들어 2006년에 마리오 뷰리가드(Mario Beauregard)와 뱅상 파케트(Vincent Paquette)는 카르멜회 수녀들에 대한 연구를 통해 여러 뇌 부위들이 동시에 영적 경험에 관여한다는 것을 알아냈다.

이원론과 물리주의

종교에 대한 과학 연구의 함의는 무엇일까? 뷰리가드와 파케트의 연구에 대한 한 신문 기사는 이러한 표제로 보도되었다. "수녀들은 신이 마음이 꾸며낸 산물이 아님을 증명했다." 이 제목 이면에는, 만일 뇌 전체가 종교적 경험에 관여한다면 그것은 측두엽에 하나의 특별한 '하느님 감지 영역'이 존재한다는 이론과 모순되며 종교적 경험이 그 뇌 영역의 활성화에 '지나지 않는다'는 믿음과도 모순된다고 하는, 고뇌의 흔적이 역력한 생각이 자리하고 있다. 왜 영적 느낌들이 뇌의 단 한 부위가 아니라 많은 부위들의 활성화로 생성된다는 발견이 종교적으로나 신학적으로 문제가 덜 되는지는 분명치 않다. 이는 경험적 신경과학 연구에 대한 신학적·철학적 해석의 모호한 성격을 잘 보여주는 예다.

뇌의 특정한 상태와 종교적 경험을 포함한 특정한 마음의 경험 사이에 상관성이 있다는 것을 증명해 보인 신경과학의 성과를, 어떤 사람들은 신비적인 경험과 영혼 불멸에 대한 전통적인 믿음을 직접적으로 반박하는 것으로 해석한다. 이러한 회의적 입장에 따르면, 하나의 경험은 뇌 또는 영적 존재(신이나 영혼)에 의해 유발될 수 있지만 둘 다에 의해 유발될 수는 없다. 즉 하나의 경험에 대한 신경학적 설명은 초자연적 또는 종교적 설명을 배제한다. 과학은 초자연적 설명을 서서히 몰아냈다.

이것은 합리적이고 간단하기 이를 데 없는 가정처럼 보일 수도 있다. 하지만 이것을 부정할 철학자, 과학자, 신학자들도 많다. 우리의 종교적·도덕적 믿음이 어디서 오는지를 신경학적으로, 혹은 진화적으로 설명하는 것은 흥미로운 과학 활동이다. 이 활동은 오늘날 '인지과학'이라고 부르는 야심찬 연구 프로그램의 일환으로 발전하고 있다. 하지만 이러한 가설에 따르면 우리가 가진 믿음들—종교적 믿음이든 과학적 믿음이든 다른 종류의 믿음이든—전부가 동일한 진화한 신경 장치의 산물이므로, 그 사실에 주목하는 것으로는 진짜 믿음과 가짜 믿음을 구별하는 철학적 시도에서 아무런 진전을 이룰 수 없다.

신경과학이 종교적 믿음에 도전하고 있다는 생각에 대한 또하나의 반응은 '이원론'의 형태를 띤다. 다시 말해, 인간 안에는 마음과 육체라는 두 가지 별개의 성분 또는 속성이 존재하면서 서로 상호작용한다고 주장하는 것이다. 이원론자들은 신경과학자들이 발견한 뇌와 마음의 상관관계를, 마음이 뇌 활동에 지나지 않는다는 증거가 아니라 마음이 뇌와 상호작용한다는 증거, 또는 마음이 뇌를 도구로 사용한다는 증거로 해석한다. 17세기에 르네 데카르트가 주창한 견해가 학자들의 가장 큰 관심을 받았지만, 현대에도 철학자들뿐 아니라 다른 분야에서 이 견해를 이어받은 계승자들이 많이 존재한다. 이원론을 이해하는 데 있어서 가장 큰 걸림돌은, 물질적 존재와 비물질적 존재가 어떻게 인과적으로 상호작용할 수 있는가에 답하는 것과, 마음의 속성들은 곧 뇌의 속성이라는 더 간단해 보이는 물리주의보다 이원론이 어째서 더 나은 이론인지를 설명하는 것이다.

모든 마음의 경험은 어떤 의미에서 물질적이라 하더라도, 어떤 의미에서 그런지 분명하게 말하는 것은 간단하지 않은 문제다. 왜 물질의 특정 조각들(우리가 아는 단 한 가지 예는, 살아 있는 동물들의 뇌 안에 있는 신경세포들의 복잡한 네트워크다)은 의식의 속성들을 보이고 다른 것(바위, 채소, 컴퓨터 등)은 그렇지 않을까? 이 문제에 관심 있는 철학자들과 신학자들은 최근에 '창발' '수반' '비환원적 물리주의' 같은 개념들을 이야기해왔는데, 이 모두는 마음의 현실들이 물리적인 것에 의존하는 동시에 자율성을 갖는다는 것을 표현하는 개념이다. 마음이 '창발적' 또는 '수반적'이라는 것은, 마음이 뇌와 독립적으로 존재한다는 의미가 아니라, 신경 수준으로 환원되지 않는 속성과 규칙성을 보인다는 의미에서 자율적이라는 뜻이다.

육체의 부활과 주체적 불멸성

'마음'과 '영혼'에 대한 완전한 물리주의적 재해석을 받아들이는 것은 대부분의 신자들에게는 그들의 종교적 가르침에서 너무 멀리 벗어나는 일일 것이다. 하지만 그러한 접근방식을 뒷받침할 수 있는 재료들이 그들의 종교적 전통 내에 존재한다. 히브리 성서는, 육체와 마음의 이원성을 강조하는 그리스 철학자들의 영향 아래 뒤늦게 발전한 철학보다 인간의 마음이 육체로 구현된다는 생각을 훨씬 더 많이 포함하고 있다. 『창세기』에서 신은 에덴동산에서의 불복종 행위에 대해 아담과 이브를 처벌하면서 아담에게 이렇게 말한다. "너는, 흙에서 난 몸이니 흙으로 돌아가기까지 이마에 땀을 흘려야 낟알을 얻어먹으리라. 너는 먼지이니 먼지로 돌아가리라." 『전도서』 에서도 같은 표현이 되풀이된다. "사람의 운명은 짐승의 운명과 다를 바 없어 사람도 짐승도 같은 숨을 쉬다가 같은 죽음을 당하는 것을! 이렇게 모든 것은 헛되기만 한데 사람이 짐승보다 나을 것이 무엇인가! 다 같은 데로 가는 것을! 다 티끌에서 왔다가 티끌로 돌아가는 것을!" 신약에 있는 바울의 서한도 영혼 불멸보다 육체의 부활을 강조하고, 「사도신경」 「니케아신경」 「아타나시오스신경」은 각기 "육체의 부활과 영생" "죽은 자의 부활과 영생", 그리스도가 올 때 "모든 사람은 육체와 함께 부활할 것이고 자신들의 행위를 설명해야만 할 것"이라는 견해에 대한 믿음을 표명한다.

영혼 불멸보다 육체의 부활에 대한 더 전통적인 믿음으로 돌아가는 것은 어떤 면에서는 신경과학의 발전에 어떻게 대응할 것인가라는 문제에 대한 간단한 종교적 해법이 될 수 있다. 하지만 실질적인 효과는 이원론이라는 늑대를 피하려다 종말론이라는 호랑이 굴로 들어가는 격이다. 만일 현대과학이 불멸하는 영혼에 대한 믿음에 문제가 있음을 암시한다면, 적어도 그것은 미래의 어느 시점에 신이 종말론적 행위로 역사를 끝냄으로써 우주가 파괴되어 재창조되고 죽은 자가 육신의 형태로 돌아와 창조주의 심판을 받게 된다는 개념의 근거에도 똑같이 의문을 제기하는 것이다. 그럼에도 불구하고, 인류 진화의 역사와 뇌 활동에서 비물질적인 영혼의 자리를 찾으려고 시도할 때 생기는 문제들보다 이 한 번의 거대한 기적을 선호하는 사람들에게는, 물리주의와 육체의 부활을 믿는 것이 그들로서 수용 가능한 최선의 선택으로 보일 것이다.

그리고 영혼의 재생이나 육체의 부활을 믿지 못하는 사람들은 주체적 불멸성이라는 개념에서 위안을 찾을 수 있을 것이다. 즉, 내세에 천국의 보상을 바라는 이기적 욕구를 사후에 친구나 자녀, 또는 일을 통해 계속 살아갈 수 있다는 더 소박한 바람으로 대체해야 한다는 인문주의적 개념이다. 이 오래된 개념은 19세기 세속주의자들 사이에서 유행했고, 조지 엘리엇(George Eliot)의 소설 『미들마치Middlemarch』(1871~72)의 마지막 부분에 잘 표현되어 있다. 서술자는 이 책의 여주인공 도로시아에 대해 이야기하면서 이렇게 말한다.

> 그녀의 존재가 주위 사람들에게 미친 영향은 헤아릴 수 없을 만큼 널리 퍼져 있었다. 왜냐하면 세상에 선이 자라는 것은 어느 정도는 역사에 기록되지 않은 행위에 의지하기 때문이다. 상황이 그들에게 그랬던 것만큼 당신이나 나에게 그렇게 나쁘지 않은 것은, 절반쯤은, 아무도 알아주지 않는 인생을 충실하게 살다가 찾는 이 없는 무덤에서 잠든 사람들 덕분이다.

하지만 모두가 이 생각을 마음에 들어하는 것은 아니다. 작품의 영향을 통해 불멸을 얻기를 바라느냐는 질문에 우디 앨런은 이렇게 답했다. "나는 내 작품을 통해 불멸을 얻고 싶지 않습니다. 나는 죽지 않음으로써 불멸을 얻고 싶습니다."

이기심과 이타심

이미 살펴본 바와 같이, 영혼과 내세에 대한 믿음은 언제나 지금 이곳에서의 도덕과 사회생활에 대한 우려와 밀접한 관계가 있었다. 그 관계는 때로 가감 없이 노골적으로 표현되었다. 18세기에 조합교회주의 성직자 아이작 와츠(Isaac Watts)가 쓴 대중서 『어린이들을 위한 성스럽고 도덕적인 노래Divine and Moral Songs for Children』에는 성스럽게 살면 천국의 보상의 받는다고 노래하는 다음과 같은 시가 포함되어 있었다. 이 시는 수 세대에 걸쳐 영국 어린이들 사이에서 암송되었다.

하늘 저편에는
기쁨과 사랑의 천국이 있다네
성스러운 어린이는 죽으면
그 나라에 간다네.

영원한 고통이 있는
끔찍한 지옥이 존재해서
죄인들은 어둠과 불 속에서 쇠사슬에 묶여
악마와 함께 살아야만 해.

나 같은 못된 아이가
이러한 저주를 피할 수 있을까?
언젠가 내가 죽으면
천국에 갈 수 있기를 바라도 될까?

그럴 수 있다면 살아 숨쉬는 동안
성서를 읽고 기도를 할 거야
오늘 죽어서 영원한 죽음에
처하지 않기 위해서.

자유사상과 반기독교적 내용을 담은 토머스 페인의 『이성의 시대』(1794) 같은 작품들이 더 널리 보급되기 시작했을 때 신자들의 가장 큰 걱정 가운데 하나는, 만일 사람들이 더이상 천국과 지옥을 믿지 않는다면 육체적 열정과 이기적 욕구를 마음놓고 채우지 않겠는가 하는 점이었다. 그들은 종교가 없어지면 인간사회가 동물의 세계 같은 난장판으로 전락할까봐 두려웠다. 페인의 책들을 판매한 죄로 런던의 한 서적판매상에게 징역을 선고할 때 판사가 말한 것처럼, 만일 이러한 책들이 널리 읽히고 믿어진다면 법은 "사후의 처벌에 대한 두려움이라는 가장 큰 제재 수단"을 잃게 될 터였다.

오늘날에도 여전히 많은 사람들이 이러한 18세기 판사와 똑같은 감정을 느끼며, 부패하고 물질주의적이고 타락한 세계에서 선행에 대한 도덕적 지침과 기준을 제공하기 위해 종교적 믿음이 필요하다고 주장한다. 물론 종교가 옳고 그름의 차이를 배울 수 있는 틀을 제공하는 것은 분명한 사실이다. 한 개인은 성서를 통해, 신이 신자들에게 진실하라, 신실하라, 부모를 공경하라, 도둑질하지 말라, 간음하지 말라, 우상을 숭배하지 말라고 말했다는 사실을 알게 될 것이다. 또한 신자들은 자기 내면의 신의 목소리인 양심으로부터 도덕적 지침을 얻기를 바랄 수 있다. 그들이 신이 인도하는 길을 충실하게 따른다면, 심판의 날에 악인이 아니라 의인들 속에 있게 될 것이다. 반면 믿지 않는 자는 '내일 죽으리니 먹고 마시자'는 모토로 쾌락적이고 방종하고 이기적인 피조물이 될 것이다.

진화가 자기과시와 경쟁에 의해 추동되는 과정이라는 해석에 따라, 신을 믿지 않는 것과 이기심이 서로 관계가 있다는 주장은 더욱 힘을 얻게 되었다. 현대의 표준적인 진화론은 개체의 이익에 부합하지 않는 형질이나 행동은 진화할 수 없다는 사실을 강조해왔다. 이는 이타심이 진화할 가능성을 배제하는 것처럼 보일 수 있다(자기의 이익에 부합하는 이타심은 예외다). 만일 진화가 진정한 이타심을 만들어낼 수 없다면, 성자들이 보여주는 자기희생을 설명할 수 있는 유일한 방법은 신이 그렇게 만들었다고 여기는 것이다. 심지어는 인간게놈프로젝트의 수장이었던 프랜시스 콜린스조차도 자신의 저서 『신의 언어』(2006)에서, 모든 사람의 가슴속에 사랑과 이타심에 관한 '도덕법칙'이 존재한다는 사실은 과학만으로는 전부 설명할 수 없다고 말한다.

하지만 이러한 이타심의 사례를 들어 종교를 변호하는 논증을 펼쳤던 사람들이 조금만 현명했더라면, 지식의 틈새에 신을 끼워넣지 말라는 헨리 드러먼드의 경고에 주의를 기울였을 것이다. 실제로 많은 사람들은 이타심이라는 틈새가 이미 채워졌다고 생각한다. 다윈 자신도 부족 또는 집단 수준에서 작용하는 자연선택을 통해 협력 행동이 생겨날 수 있다고 말했다. 협력적이고 희생적인 개인들로 이루어진 집단이 비협조적이고 이기적인 개체들로 이루어진 집단을 누르고 성공한다는 것이다. 리처드 도킨스는 1976년 저서 『이기적 유전자』를 통해, 이타주의에 대한 다른 수준의 진화적 설명을 널리 알렸다. 그것은 '혈연선택' 이론이다. 이 이론은 개인들이 가족 구성원들의 이익을 위해 행동할 때만 이타심이 생길 수 있다고 주장한다. 이러한 도킨스 버전의 신다윈주의에 따르면 자연선택은 유전자 수준에서 작용하므로, 우리는 자신의 '이기적 유전자들'에 이익이 될 때만 이타적인 방식으로 행동할 수 있다. 그리고 그렇게 하는 유일한 방법은, 가까운 친척들(같은 유전자를 많이 공유하고 있는 사람들)을 도움으로써 그러한 유전자들의 복제본이 더 많이 퍼질 수 있게 하는 것이다. 반면, 친족이 아닌 사람들을 돕게 만드는 유전자는 나와는 관계가 없는, 경쟁하는 유전자들을 퍼뜨리는 데 기여할 뿐이므로 그러한 진화적 이점을 갖지 않을 것이다.

물론 도킨스는 유전자 그 자체가—이기적이든 아니든—의도를 갖는다고 생각하지 않았다. 그것은 은유적 표현이었다. 그는 복잡한 과학 이론을 폭넓은 대중에게 효과적으로 전달하기 위해, 일련의 DNA 분자들이 마치 '이기적'으로 행동하는 것처럼 표현한 것이었다. 도킨스의 전략은 대성공을 거두었다. 하지만 한 가지 불행한 부작용은, 그가 이렇게 함으로써 이타심에 관한 논쟁에 약간의 혼란을 초래했다는 것이다. 『이기적 유전자』에서 도킨스는 화려한 수사를 동원해 이렇게 썼다. "너그러움과 이타심을 가르치도록 하자. 우리는 이기적으로 태어났으므로." 하지만 혈연선택 이론의 요지는, 개인들이 이타적으로(분자적 의미가 아닌 일반적인 의미에서) 행동할 수 있지만 그들이 그렇게 하는 것은 그러한 행동이 자신들의 유전자를 퍼뜨리는 데 도움이 되기 때문이라는 것이다. 그 책이 하고자 하는 말은 '이기적' 유전자들이 이타적인 사람들을 만들 수 있다는 것이다. 하지만 도킨스는 "이기적 복제자들의 압제에 항거"하고 우리 자녀들에게 이타심을 가르칠 필요가 있다고 말함으로써 이러한 요지를 흐리게 했다. 도킨스는 『만들어진 신』(2006)에서는 좀더 일관된 입장을 취했다. 그는 인간이 통상 협력적이고 이타적인 방식으로 행동하는 경향은 실은 아주 자연적인 것으로, 원래 가까운 친족에게만 이익을 주기 위해 진화한 메커니즘의 '운 좋은 오작동'으로 봐야 한다고 주장했다.

『이기적 유전자』가 촉발한 거센 논쟁 속에서, 자연이 투쟁과 자기과시를 가르치기보다는 오히려 동정심, 이타심, 상호협력을 가르친다고 말하는 다윈주의 저자들이 꽤 오래 전부터 지금까지 존재해왔다는 사실은 가려졌다. 다윈의 저서는 자연 속의 투쟁과 갈등을 생생하게 그려낸 것으로 기억되는 경우가 더 많지만, 『인간의 유래』는 동물들의 삶의 더 협력적인 측면들도 강조했다. 이 책에서 다윈은 곤충, 새, 유인원들에게 나타나는 자기희생적이고 협력적인 행동들을 세밀하게 기록하면서, 그러한 행동의 정점이 진화한 도덕성, 즉 인간의 양심이라고 말했다. 다윈의 시대 이후로 훨씬 더 많은 사례들이 추가되었다. 예를 들어, 사회적 곤충들에서 나타나는 이타심과 협력의 복잡한 체계들뿐 아니라, 새와 포유류의 몇몇 종들이 위험이 닥칠 때 목숨을 걸고 집단의 나머지 구성원들에게 이를 알리는 보초병을 세우는 사례도 자세히 연구되어 있다.

따라서 세속적인 인문학자는 우리가 선해지기 위해서는 종교를 가질 필요도 내세를 믿을 필요도 없다고 주장할 수 있다. 우리는 단순히 자연을 따라하면 되는 것이다. 신자들은 인간 본성에 대한 과학적 견해를 수용하는 것은 동물처럼 행동하는 것을 뜻한다고 경고할지도 모른다. 하지만 동물들처럼 행동하는 것이 타인을 위해 자신을 희생하거나 공동의 목표를 위해 협력하는 것을 뜻하는 경우라면, 우리는 더 자주 동물들처럼 행동해야 할 것이다.

표준을 벗어난 행동을 다루는 방식

유일신 전통들의 도덕률과 법률이 집착하는 대상은 온갖 종류의 사회적 문제들이다. 이웃 부족들과 잘 지내는 방법, 종교적 반대를 다루는 방법, 의식주를 포함한 일상의 세세한 부분들과 관련하여 규율을 강제하는 방법, 규칙을 어긴 사람들을 처벌하는 방법 등이다. 이러한 문제들에서 자주 등장하는 주제 중 하나가 섹스다. 성적 욕구는 인간문명이 존재한 이래로 즐거움을 주었던 만큼이나 갈등과 불안을 야기했다. 그래서 종교는 섹스라는 매우 강한 인간의 욕구에 대처하는 여러 규칙과 규제를 제공하려고 시도해왔다. 일반적으로, 결혼한 남녀의 자녀를 생산하기 위한 섹스는 승인된 반면(하지만 성 바울은 독신으로 사는 게 더 낫다고 생각했다), 사실상 그 밖의 다른 모든 종류의 섹스, 특히 스스로 하는 섹스와 동성 간의 섹스, 가족 구성원과의 섹스는 비난받았다(그리고 때로는 죽음으로 단죄되었다).

정상과 비정상을 구분하는 널리 통용되는 기준을 정하는 가장 권위 있는 근거로서 과학과 의학이 전통적인 종교적 믿음을 서서히 대체해온 현대사회들에는, 동반되는 두 개의 추세가 나타난다. 즉 예전에 도덕적 쟁점이었던 것을 탈도덕화하고, 현존하는 사회적 구분과 불평등을 의학과 과학으로 강화하고 자연화하는 것이다. 그러한 구분을 찬성하거나 반대하는 일에 관한 한, 현대과학은 성서만큼이나 귀에 걸면 귀걸이 코에 걸면 코걸이인 만능 이데올로기임이 증명되었다. 성 윤리와 관련한 두 사례가 이 두 가지 추세를 잘 보여준다.

19세기 말에 동성애에 관한 새로운 개념들이 생기기 시작했다('동성애homosexual'라는 말도 이 무렵 생겼다). 두 남성 사이의 섹스에 대한 그때까지의 지배적인 견해는 도덕적 결함이나 변태적 성향을 뜻하는 부자연스럽고 죄짓는 행동이라는 것이었고, 『창세기』에 나오는 패륜을 일삼은 소돔과 고모라의 사람들에 착안해 명명된 '남색sodomy'이라는 행위와 동일시되었다. 두 남성 사이의 섹스는 죄악일 뿐 아니라 범죄였다(영국에서는 1861년까지 사형으로 처벌할 수 있었다). 1895년에 오스카 와일드가 성추행으로 유죄판결을 받고 중노동과 함께 징역 2년을 선고받은 일을 계기로 이 문제에 대중의 관심이 쏠리면서, 이 문제에 보다 자유주의적이고 과학적으로 접근할 필요가 있다는 의견이 서서히 발언 기회를 얻기 시작했다. 이 운동의 핵심 인물은 성과학자 해블록 엘리스(Havelock Ellis)였다. 그는 동성애 남성들에 대한 심리학 연구들을 이용해 동성애가 자연스러운 것이라고 주장했다. 그는 자연적 본능으로 행동하는 사람들을 감옥에 가두어서는 안 된다고 주장했다. 그로부터 수십 년 후인 1967년에 이 견해는 마침내 승리했고, 영국에서 상호 동의하에 이루어지는 두 성인 남성 사이의 섹스는 처벌 대상에서 제외되었다.

자위행위의 경우에도 비슷한 패턴이 나타난다. 이 행위도 성서에서 유래한 명칭, 즉 수음(onanism)으로 알려져 있었다. 이 경우는 오난(Onan)의 죄를 암시했다. 『창세기』에 따르면 그는 아버지의 명령에 따라 형수를 임신시키기를 거부하고 "정액을 바닥에 흘려"버렸다. 『창세기』는 오난이 한 짓이 "야훼의 눈에 거슬리는 일이었으므로 야훼께서는 그도 죽이셨다"라고 기록한다. 18세기와 19세기에 이러한 종교적 비난이

ONANIA:

OR, THE

HEINOUS SIN

OF

Self-Pollution,

AND ALL ITS

FRIGHTFUL CONSEQUENCES (in Both Sexes)

CONSIDERED:

With Spiritual and Phyſical ADVICE to thoſe who have already injured themſelves by this abominable Practice.

The EIGHTEENTH EDITION, as alſo the NINTH EDITION of the *SUPPLEMENT* to it, both of them Reviſed and Enlarged, and now Printed together in One Volume.

As the ſeveral Paſſages in the *Former* Impreſſions, that have been charged with being obſcure and ambiguous, are, in theſe, cleared up and explained, there will be no more Alterations or Additions made.

And ONAN *knew that the Seed ſhould not be his: And it came to paſs, when he went in unto his Brother's Wife, that he ſpilled it on the Ground, leſt that he ſhould give Seed to his Brother.*
And the Thing which he did, diſpleaſed the LORD; *wherefore he ſlew him alſo.* Gen. xxxviii. 9, 10.

Non Quis, Sed Quid.

LONDON:

Printed for H. COOKE, at the *R*... *Fleet-ſtreet,* 1756.

[Price Bound . . *Shillings* and *Sixpence*]

19. 1716년에 처음 보급된, 익명의 저자가 쓴 소책자 『오나니아』의 18세기 중반 판본.

의학적 진단으로 바뀌었다. 『오나니아Onania』라는 널리 보급된 책에서는 "수음이라는 극악의 죄"("자기학대"라고도 했다)와 "(양성 모두에서 발생하는) 그로 인한 무시무시한 결과들"을 맹렬히 비난했다. 이 책은 성적 자극물에 도덕주의와 의학적 조언을 결합한 것이었다. 이러한 종류의 글로서 더 고상한 문헌들이 19세기 동안 생산되었고, 이때 자위행위는 정신이상 및 육체적 쇠약의 증상이자 원인이라는 견해가 의학계의 정설이 되었다. 이러한 육체적·도덕적 악을 퇴치하기 위해 불쾌한 의학적 치료법들과 독창적인 처벌 도구들이 고안되었다. 동성애와 마찬가지로, 성적 일탈을 다루는 주체로서 의학적 개념과 관행들이 종교와 도덕의 처방들을 대체해가는 것처럼 보였다. 남성과 여성의 차이, 백인 식민지 건설자들과 그들이 내쫓은 원주민들 사이의 관계에 대한 논쟁들에서도 같은 패턴이 반복되었다. 성과 인종에 대한 과학 이론들은, 과거에 종교적·정치적 측면에서 정당화되었던 불평등을 새로운 차원에서 합리화하는 데 편리하게 쓰였다.

자연주의적 오류

과학과 종교는 온갖 종류의 정치적 목적들을 추구하기 위해 이용되어왔다. 둘 다 원래는 자유주의적이지도 보수주의적이지도 않고, 인종차별적이지도 평등주의적이지도 않으며, 억압적이지도 허용적이지도 않다. 과학과 종교는 각기, 거의 모든 이념적 비전과 합치시킬 수 있는 세계를 이해하는 한 가지 방식을 제공한다. 그런데 우리는 신자들이 자신의 특정한 믿음의 렌즈를 통해 윤리적·정치적 문제들을 바라본다는 생각에는 익숙한 반면, 과학을 대변한다고 주장하는 사람들을 비판적으로 살펴보는 방법은 미처 배우지 못했다. 표면적으로 보면, 윤리에 대한 과학적 접근방식은 균형 있고 객관적인 접근방식인 것 같다. 그리고 인간의 편견보다는 자연의 법칙에 의거한 접근방식인 것 같다. 자연은 분명하고 공평한 목소리로 말하지 않던가?

어떤 철학자들은 도덕에 대한 보다 과학적인 접근방식을 개발하고자, '진화윤리학'이라는 학문 체계를 구축했다. 그러한 사상가들은 인류의 양심과 도덕 감정이 진화의 산물이라면 윤리학은 종교나 철학의 관점보다는 진화의 관점에서 다루어져야 한다고 생각한다. 하지만 그러한 학문은, 자연을 따르는 것이 윤리학의 전부가 아니라는 문제에 맞닥뜨린다. 설령 우리가 진화에 의해 특정한 '자연적' 본능을 갖게 되었다는 사실을 입증할 수 있다 해도, 그러한 연구 결과는 그러한 본능을 따르는 것이 옳은가라는 윤리적 질문에 답하는 데는 어떤 도움도 주지 못한다. 아마 폭력, 절도, 간통을 하게 만드는 본능들도 진화적 기원을 갖고 있을 것이다. 우리가 진화생물학에 대한 어떤 해석을 지지하든, (도덕철학자들이 오랜 전부터 알고 있었듯이) 인간이 자신의 이익을 추구하는 동시에 (적어도 일부) 타인들의 이익을 추구하는 성향을 가지고 태어난다는 것은 분명한 사실이다.

예컨대, 이타적 본능이 자연적인 것인가라는 질문은 우리가 그 본능을 따라야 하는가, 또 얼마만큼 따라야 하는가라는 질문과는 완전히 별개다. 후자의 질문에 대한 답은, 우리가 개인으로서 또는 집단적으로 어떤 규칙과 목적에 따라 살고 싶은지 생각해야만 얻을 수 있는 것이다.

어떤 것이 자연적이기 때문에 혹은 진화했기 때문에 윤리적으로 바람직하다고 가정하는 실수를, 때때로 '자연주의적 오류'라고 부른다. 이 이상한 어구는 영국 철학자 조지 에드워드 무어(G. E. Moor)의 1903년 저서 『윤리학 원리Principia Ethica』에 나오는 것이다. 무어는 이 책에서, '선'이라는 윤리적 개념을 '즐거운' '쓸모 있는' 또는 '종의 이익을 위해서'와 같은 자연주의적 개념의 관점에서 정의하려고 시도한 모든 윤리 체계는 '자연주의적 오류'를 범한 것이라고 말했다.

어떤 종교사상가들은 '자연주의적 오류'를 이유로 들어, 윤리에 대한 세속적이고 과학적인 접근을 모조리 거부했다. 하지만 무어는 '선'이라는 단어를 윤리 밖의 어떤 용어로 번역하지 말아야 한다는 자신의 주장을 형이상학적이고 철학적인 윤리 체계들에도 똑같이 적용했다. 사실 무어의 견해는 실제로는 완전한 도덕적 신비주의에 해당했다. '선'을 '신의 뜻에 따르는 것'이나 '최대 다수의 최대 행복', 또는 그 밖의 ('직관적으로 알 수 있는 아름다움이 선'이라는 무어 자신의 견해를 제외한) 다른 어떤 것으로 보는 윤리 체계는 똑같이 '자연주의적 오류'를 범하는 것이다. 이 관점에서 보면, 윤리에 대한 종교적 접근이나 과학적 접근이나 똑같이 나쁜 입장이다.

자연을 넘어서

이 장에서 살펴본 이타심과 섹슈얼리티의 사례들은, 왜 우리가 어떤 자연적인 것에 기반한 윤리적 또는 정치적 논증을 의심해봐야 하는지를 잘 알려준다. 우리는 온갖 종류의 좋은 동기를 가지고 이러한 종류의 논증을 펼칠 수 있다. 예컨대 반동성애법을 반대하는 운동가들은 동성애가 자연적인 것이라는 견해를 뒷받침하기 위해 조류와 포유류의 다양한 종에서 볼 수 있는 동성애 행동을 증거로 들 것이다. 또한 자위행위가 자연적인 것이기 때문에 허락되어야 할 뿐 아니라 적극적으로 장려되어야 한다는 것이 오늘날 현대의학의 정설이다. 이기심의 지배를 받는 사회를 받아들여야 한다는 진화생물학의 해석들을 비판하는 종교사상가들은 반대로, 인간의 이타심은 바람직할 뿐 아니라 자연적인 것이라고 주장하는 쪽으로 갔다. 하지만 이러한 맥락들에서 '자연적'이 실제로 의미하는 것은 '고정된' '주어진' '결정된'이다. 이 단어들은 자유의지를 가진 개인의 행동이 아니라 불변하는 물리법칙에서 나오는 행동을 의미한다. 어떠한 성 행동이 허락되어야 하는지, 또는 사회 내 집단들의 각기 다른 이해들을 어떻게 조율해야 하는지에 대한 정치적 질문들을 해결하는 것은 자연법칙이 아니라 인간의 법이다.

동성애의 경우를 다시 생각해보자. 우리는 1960년대 영국에서 법이 바뀐 것을, 과학적 접근방식이 어떻게 구태의연하고 편협한 종교적 신념을 한층 진보적이고 합리적인 정책으로 대체할 수 있는지 보여주는 증거로 볼 수도 있다. 하지만 그러한 시각은 우리가 도덕의 현대의학화라고 부를 수 있는 흐름의 여러 가지 다른 측면들을 간과하는 것이다. 동성애를 도덕과 범죄의 영역에서 빼내 의학의 영역에 넣는 것은 여러 가지 방식에서 인간을 자유롭게 만드는 변화인 만큼이나 인간을 억압하는 변화였다. 동성애 섹스는 누구나 할 수 있는 어떤 것이 아니라 표준을 벗어난 특정한 인간 유형만이 하는 활동으로 간주되었다. 이 점에서 의학적 견해는 정상과 비정상의 구분을 강화했다. 둘째로, 의학은 더 엄격하게 결정론적인 체계였다. 성은 개체성의 표현이라기보다는 한 사람의 생물학적 본성에 의해 주어지는 불변하는 어떤 것으로 간주되었다. 마지막으로, 동성애에 대한 이러한 새로운 개념이 형성되면서 동성애가 의학적 질병으로 분류되었다. 그 결과 동성애는 비난하기보다는 동정해야 하는 자연적 상태가 되었지만, 그럼에도 불구하고 여전히 질병이었다. 이러한 생각은 법이 바뀐 1960년대 영국에 널리 퍼져 있었다. 정상과 비정상의 구분을 정의하고 강화하는 종교와 의학의 시도들이 연속선상에 있다는 것은, 오늘날 동성애가 치료받아야 하는 질병이라는 생각을 여전히 고수하는 소수의 조직들이 바로 종교집단이라는 사실에서도 알 수 있다.

이타주의의 경우, 경쟁과 '이기적 유전자'에 대한 진화적 개념들에 대한 종교적 반응들로 인해 자기희생의 가치가 부풀려졌다. 과학과 윤리에 대한 최근의 논쟁들은 마치 도덕적으로 좋음(선)과 이타주의가 동의어인 것처럼 진행된다. 어떤 사람들은 이타주의는 자연적인 것이므로 우리는 자연의 법칙을 따라야 한다고 주장한다. 또 어떤 사람들은 우리가 본질적으로 이기적으로 행동하도록 진화했기 때문에 자연의 법칙에 저항해야 한다고 주장한다. 하지만 두 견해 모두 어떻게 사는 것이 좋은 삶인지에 대한 매우 제한적인 이해에 기반하고 있다. 개인주의와 자기개발은 전통적으로 세속적 도덕주의자들과 종교적 도덕주의자들 모두가 중요하게 생각했던 가치다. 여러 성서 해설가들이 지적했듯이, 예수가 부유한 젊은 남자에게 자기 소유물을 팔고 그 돈을 가난한 사람들에게 주면 '천국에서 복을' 받을 것이라고 말했을 때 그것은 부유한 젊은이를 위한 조언이지 가난한 사람을 위한 조언이 아니었다. 정치적인 함의도 있다. 이타주의 이데올로기는 지배 엘리트들에 의해 조작될 여지가 있다. 타인을 위해 살라는 것은 고귀한 생각으로 여겨진다. 하지만 이러한 생각은 전체의 이익이 개개인의 권리보다 우선해야 한다고 국민들을 설득하는 전체주의적인 정부에 의해, 그리고 어떤 목적을 위해 자신의 삶을 포기할 준비가 되어 있는 수천 명의 장병들을 통해 자신의 목적을 달성하려는 정치인들에 의해 이용될 수 있다. 나는 자살폭탄 테러범들도 자신들의 행위를 영웅적인 이타주의적 행위로 간주할 것이라고 생각한다. 이타주의의 가치는 자연을 끌어들여서 해결할 문제가 아니라 정치적·도덕적 논의를 통해 해결해야 하는 문제다.

이미 지적했듯이 자연, 사회, 인류, 권위 있는 텍스트와 관련한 사실들로부터 도덕적 지침을 이끌어내려는 시도를 정당화하는 데 있어서는, 종교적 윤리나 과학적 윤리나 똑같이 나쁜 (그리고 딱 그만큼만 좋은) 입장이다. 종교와 과학은 둘 다, 사람들이 자기가 처한 상황을 이해하려고 시도할 때 활용할 수 있는 자원을 제공한다. 특정한 세계관이나 이념 안에서는 특정한 격률들이 근본적이고 불변하는 것처럼 보일 것이다. 이슬람교도에게는 코란의 진리가 그렇고, 기독교도에게는 부활이 그렇다. 무신론자에게는 모든 도덕률이 신이 아니라 인간에게서 나온다는 사실이 그렇다. 중립적인 관찰자가 보기에, 우리가 어떤 근본적인 격률들을 채택해야 하는지는 과학도 종교도 결정할 수 없다. 하지만 과학과 종교는 함께 도덕적 의미들을 엮어나가는 데 사용할 수 있는 개념, 믿음, 관행, 의식, 이야기를 제공할 수 있다.

현대세계에서는 그러한 도덕적 의미들을 만드는 일에서 과학과 기술과 의학이 점점 더 지배적인 위치를 차지해가고 있는 것처럼 보인다. 악행을 바로잡지 않으면 신의 분노와 대재앙을 맞게 될 것이라는 과거 종교적 선지자들의 경고 대신, 우리는 부도덕한 성적 행위, 탐식, 탐욕을 멈추지 않으면 성병, 비만, 재앙적 수준의 지구온난화로 인한 홍수, 화재, 파멸을 겪게 될 것이라는 경고를 받고 있다. 내용은 바뀌었지만 본질적인 구조는 똑같다. 과학과 의학은 미래에 대한 무시무시한 새 비전들을 제공하고, 정책 입안자들과 정치 지도자들은 그러한 비전을 이용해, 과거에 선지자들이 그랬던 것처럼 너무 늦기 전에 잘못을 뉘우치고 바로잡으라고 우리를 설득한다.

지금까지 그랬듯이 앞으로도 과학과 종교는 함께 번성하면서 우리를 깨우치고 격려할 뿐 아니라, 우리를 좌절시키고 혼란스럽게 하고 억압할 것이 분명하다.

어떤 사람들은 근대 이후 줄곧 함께해온 그 둘 중 하나가 없어지거나, 또는 지식, 도덕, 정치의 어떤 영역에서 권위자로서의 권리를 포기하기를 바랄 것이다. 하지만 그러한 사람들은 자신들이 바라는 것이 무엇을 의미하는지 잘 생각할 필요가 있다. 이 책에서 다룬 질문들에 모두가 동의하는 사회에서 사는 것이 정말 좋은가? 그러한 사회는 어떤 곳일까?

감사의 말

내가 이 매혹적인 주제에 입문하게 된 계기는, 학부생일 때 케임브리지 대학교에서 들었던 신학과 과학에 대한 프레이저 와츠(Fraser Watts)의 강연들과, 존 헤들리 브룩의 고전적 저서 『과학과 종교: 역사적 관점들Science and Religion: Some Historical Perspectives』(케임브리지, 1991)이었다. 이후 대학원에 진학해 런던과 케임브리지의 대학들에서 재닛 브라운(Janet Browne), 장하석, 롭 일리프(Rob Iliffe), 피터 립턴(Peter Lipton), 짐 무어(Jim Moore), 짐 시코드(Jim Secord) 같은 저명한 역사학자들과 과학철학자들에게 배웠다. 나는 그들 모두에게 신세를 졌으며, 케임브리지 대학교의 과학사·과학철학 학과와 신학부의 격려와 자극을 주는 연구 환경의 덕도 컸다. 더 최근에는 랭커스터와 런던의 동료들에게도 도움을 받았다. 특히 랭커스터 대학교의 스티븐 펌프리(Stephen Pumfrey)와 앵거스 윈체스터(Angus Winchester), 그리고 제프리 캔터(Geoffrey Cantor)를 언급하고 싶다. 캔터는 존 헤들리 브룩의 은퇴를 기념하기 위해 2007년 7월에 그 대학에서 열린 '과학과 종교: 역사적·동시대적 관점들'에 관한 학회를 조직하는 것을 도와주었다. 나는 그 학회 참가자 모두에게서 많은 것을 배웠다. 가장 최근에는 퀸 메리 런던 대학교의 동료들에게 많은 지도와 격려를 받았다. 특히 버지니아 데이비스(Virginia Davis), 콜린 존스(Colin Jones), 미리 루빈(Miri Rubin), 요세프 라포포트(Yossef Rapoport), 로드리 헤이워드(Rhodri Hayward), 조엘 아이작(Joel Isaac), 트리스트럼 헌트(Tristram Hunt)에게 감사한다. 에밀리 새비지스미스(Emilie Savage-Smith)와 살만 하미드(Salman Hameed)는 이슬람과 과학이라는 주제에 대해 고마운 가르침을 주었다. 옥스퍼드 대학 출판부의 마샤 필리언(Marsha Filion), 앤드리아 키건(Andrea Keegan), 그리고 제임스 톰슨(James Thompson)은 인내심을 갖고 능숙하고 열정적으로 제작 과정 전반을 도왔다. 피오나 오벨(Fiona Orbell)은 도판들과 그 사용 허가를 얻기 위해 신속하고 효과적으로 움직여주었고, 앨리슨 실버우드(Alyson Silverwood)는 교열을 통해 텍스트의 질을 높였다. 시간과 수고를 들여 초고를 읽고 도움이 되는 조언을 해준 친구들에게 특별한 감사를 표한다. 에밀리 버터워스(Emily Butterworth), 노엄 프리들랜더(Noam Friedlander), 제임스 험프리스(James Humphreys), 피놀라 랭(Finola Lang), 댄 니들(Dan Neidle), 트레버 새더(Trevor Sather), 레온 터너(Léon Turner), 특히 자일스 실슨(Giles Shilson)에게 감사한다. 내가 가장 크게 빚진 사람들은 내 가족이다. 변호사 말고 학자가 되라고 조언한 내 누이 에마에게 이 책을 바친다.

참고문헌

참고문헌에서는 본문에 직접 인용된 자료에 대한 출처를 제공한다. 독서안내에서는 함께 읽으면 좋은 도서와 추가적인 자료들을 제시했다. 평이 좋은 온라인 판이 있는 경우, 출판된 원본과 함께 언급했다. 아래는 참고문헌 및 독서안내에서 거듭 언급되는 웹사이트의 약어다.

CCEL Christian Classics Ethereal Library:
http://www.ccel.org/

CWCD The Complete Works of Charles Darwin Online:
http://darwin-online.org.uk/

DCP The Darwin Correspondence Project:
http://www.darwinproject.ac.uk/

FT Douglas O. Linder's Famous Trials site at the University of Missouri-Kansas City School of Law:
http://www.umkc.edu/famoustrials/

HF The Huxley File at Clark University:
http://aleph0.clarku.edu/huxley/

NP The Newton Project at Sussex University:
http://www.newtonproject.sussex.ac.uk/

PG Project Gutenberg:
http://www.gutenberg.org/

RJLR Rutgers Journal of Law and Religion:
http://org.law.rutgers.edu/publications/law-religion/

TP Thomas Paine National Historical Association: http://www.thomaspaine.org/

제1장

갈릴레이의 유죄 판결에 대해서는 Mario Biagioli, *Galileo, Courtier: The Practice of Science in the Culture of Absolutism*(Chicago, 1994)을 보라. 인용한 부분은 330~331쪽에서 찾을 수 있다. 갈릴레이의 재판 및 유죄판결과 관련한 자료는 웹사이트 FT에서 찾을 수 있다.

인용한『시편』은 102편 25절이다.

『종의 기원』에 대한 토머스 헉슬리의 서평은 원래 1860년에 〈웨스트민스터 리뷰Westminster Review〉에 발표되었고, 그의 *Collected Essays*(전9권, London, 1893~94) 중 제2권, 22~79쪽에 재수록되었다. 인용한 부분은 52쪽에서 나온다. 웹사이트 HF에서 볼 수 있다.

본문에 인용된 존 헤들리 브룩의 책은 John Hedley Brooke, *Science and Religion: Some Historical Perspectives*(Cambridge, 1991)이다. 인용한 부분은 5쪽에 나온다.

갈릴레이의『두 우주 체계에 관한 대화』인용은 William Shea, 'Galileo's Copernicanism: The Science and the Rhetoric', in *The Cambridge Companion to Galileo*, ed. Peter Machamer(Cambridge, 1998), 211~243쪽에서 가져왔다. 인용한 부분은 238쪽에 나온다.

인용한 『시편』은 19편 1절이다.

본문에 인용한 토머스 페인의 『이성의 시대』 제1부는 *Thomas Paine: Political Writings*, ed. Bruce Kuklick(Cambridge, 1989)에 실려 있다. 인용한 부분은 7장, 11장, 16장에 나온다. 웹사이트 TP에서 볼 수 있다.

존 템플턴 재단의 연구비로 실시된 이타주의 연구의 결과물은 Stephen Post and Jill Neimark, *Why Good Things Happen to Good People: The Exciting New Research that Proves the Link between Doing Good and Living a Longer, Healthier, Happier Life*(New York, 2007)이다.

중세 이슬람 학자들의 모토는 Emilie Savage-Smith, 'The Universality and Neutrality of Science', in *Universality in Islamic Thought*, ed. Leonard Binder(근간)에 나온다.

제2장

갈릴레이의 재판 및 유죄판결과 관련한 자료는 웹사이트 FT에서 찾을 수 있다.

인용한 베이컨의 말은 Francis Bacon, *The New Organon, or True Directions Concerning the Interpretation of Nature*(1620), Aphorism III과 *Valerius Terminus: Of the Interpretation of Nature*(1603), Chapter 1에 나온다. 이 두 권의 책은 현대판으로 볼 수 있으며, 애들

레이드 대학교 웹사이트 http://etext.library.adelaide.edu.au/에서도 볼 수 있다.

인용한 페인의 『이성의 시대』 제1부 속 언급은 *Thomas Paine: Political Writings*, ed. Bruce Kuklick(Cambridge, 1989), 2장에 나온다. 웹사이트 TP에서 볼 수 있다.

인용한 『여호수아서』 구절은 10장 12~14절.

트리엔트공의회와 관련해서는 Richard Blackwell, 'Could There Be Another Galileo Case?', in *The Cambridge Companion to Galileo*, ed. Peter Machamer(Cambridge, 1998), 348~366쪽을 보라. 인용한 부분은 353쪽에 나온다.

인용한 『로마서』 구절은 1장 20절.

제3장

우유 기적에 대해서는 〈인디펜던트〉 1995년 9월 25일자 11면 'Right-Wing Hindus Milk India's "Miracle"'을 보라.

프리드리히 슐라이어마허와 관련해서는 Friedrich Schleiermacher, *On Religion: Speeches to its Cultured Despisers*, ed. Richard Crouter(Cambridge, 1996), Second Speech를 보라. 인용한 부분은 49쪽에 나온다. 1799년에 독일에서 처음 출판되었으며, 웹사이트 CCEL

에서 볼 수 있다.

헨리 드러먼드와 관련해서는 Henry Drummond, *The Lowell Lectures on the Ascent of Man*(1894), 10장을 보라. 웹사이트 CCEL에서 볼 수 있다.

라이프니츠의 편지는 G. W. Leibniz, 'Mr Leibnitz's First Paper' in Samuel Clarke, *A Collection of Papers, Which passed between the late Learned Mr. Leibnitz, and Dr. Clarke, In the Years 1715 and 1716*(1717)에 있다. 웹사이트 NP에서 볼 수 있다.

라플라스와 나폴레옹의 문답과 관련해서는 Roger Hahn, 'Laplace and the Mechanistic Universe', in *God and Nature: Historical Essays on the Encounter between Christianity and Science*, ed. David C. Lindberg and Ronald L. Numbers (Berkeley, 1986), 256~276쪽을 보라. 인용한 부분은 256쪽에 나온다.

데카르트가 메르센에게 한 말은 Carolyn Merchant, *The Death of Nature: Women, Ecology, and the Scientific Revolution*(San Francisco, 1983), 205쪽에 인용되어 있다.

낸시 카트라이트는 '얼룩덜룩한 세계(dappled world)'라는 어구를, 제라드 맨리 홉킨스(Gerard Manley Hopkins)의 시 「Pied Beauty」에서 차용했다. 이 시는 "Glory be to God for dappled things"로 시작한다.

Nancy Cartwright, *The Dappled World: A Study of the Boundaries of Science* (Cambridge, 1999), 1부를 보라. 홉킨스에 대한 인용은 19쪽에 나온다.

아인슈타인은 "신은 주사위 놀이를 하지 않는다"는 말을, 1926년에 물리학자 막스 본(Max Born)에게 보낸 편지를 포함해 여러 군데서 했다. Abraham Pais, *Subtle is the Lord: The Science and the Life of Albert Einstein*, new edition(Oxford, 2005), 25장을 보라.

인용한 프레드 호일의 말은 Fred Hoyle, 'The Universe: Past and Present Reflections', *Engineering and Science*(November 1981), 8~12쪽에 나온다. Rodney D. Holder, *God, the Multiverse, and Everything: Modern Cosmology and the Argument from Design*(Aldershot, 2004), 34쪽에도 인용되어 있다.

데이비드 흄과 관련해서는 『자연종교에 관한 대화』 2부를 보라. 여러 가지 현대판이 존재하고, 웹사이트 PG에서도 볼 수 있다.

의심하는 도마에 대한 이야기는 『요한복음』 20장 24~30절에 있다.

도마와 토머스 페인에 관해서는 『이성의 시대』 제1부, in *Thomas Paine: Political Writings*, ed. Bruce Kuklick(Cambridge, 1989), 3장을 보라. 웹사이트 TP에서 볼 수 있다.

도마와 리처드 도킨스에 대해서는 Richard Dawkins, *The Selfish*

Gene〔『이기적 유전자』〕, new edition(Oxford, 1989), 330쪽을 보라.

도스토옙스키의 『카라마조프가의 형제들』에서 인용한 부분은 David Magarshack가 번역하고 서문을 쓴 Fyodor Dostoyevsky, *The Brothers Karamazov*(London, 1982), 제5권 4장, 'Rebellion', 276~288쪽에서 가져왔다. 이 책은 1880년에 러시아에서 처음 출판되었다. 웹사이트 CCEL에서 볼 수 있다.

제4장

찰스 라이엘은 'go the whole orang'이라는 어구를 1863년 3월 다윈에게 보내는 편지에서 사용했다. 이 편지는 Frederick Burkhardt and Sydney Smith(eds), *The Correspondence of Charles Darwin, Volume 11: 1863*(Cambridge, 1985), 230~233쪽에 실려 있으며, 웹사이트 DCP에서 볼 수 있다.

다윈의 비글호 노트에서 인용한 부분은 Adrian Desmond and James Moore, *Darwin*(London, 1991), 122쪽과 176쪽에 있다.

'저주받아 마땅한 교의'에 대한 언급과, 자신을 '불가지론자'라고 부르고 싶다는 언급은 그의 자서전에서 종교적 믿음과 관련한 부분에 있다. *The Autobiography of Charles Darwin*, ed. Nora Barlow (London, 1958), 85~96쪽. 인용한 부분은 87쪽과 94쪽에 나온다. 웹사이트

CWCD에서 볼 수 있다.

다윈의 감탄문 "악마의 사제가 아니고서야 그 누가……"는 1856년 7월에 조지프 후커에게 보낸 편지에 적혀 있었다. 이 편지는 Frederick Burkhardt and Sydney Smith(eds), *The Correspondence of Charles Darwin, Volume 6: 1856-1857*(Cambridge, 1985), 178~180쪽에 실려 있으며, 웹사이트 DCP에서 볼 수 있다.

에마가 다윈에게 보낸 내세에 대한 편지와 다윈이 남긴 메모는 Adrian Desmond and James Moore, *Darwin*(London, 1991), 280~281쪽과 651쪽에 인용되어 있다.

라이엘이 자연세계에 대한 자신의 관점에 미친 영향을 언급한 다윈의 말은 1844년 8월에 레너드 호너(Leonard Horner)에게 쓴 편지에 적혀 있었다. 이 편지는 Frederick Burkhardt and Sydney Smith(eds), *The Correspondence of Charles Darwin, Volume 3: 1844-1846*(Cambridge, 1985), 54~55쪽에 실려 있으며, 웹사이트 DCP에서 볼 수 있다.

거북 수프에 대한 이야기는 Charles Darwin, 'Galapagos. Otaheite Lima', *Beagle* field notebook EH1.17, 12 October 1835, 36b쪽에 나오고, 웹사이트 CWCD에서 볼 수 있다.

『종의 기원』(1859)은 많은 현대판이 있고, 웹사이트 CWCD에서 볼 수 있다. 웹사이트에서는 판이 바뀌면서 생긴 변화들을 비교할 수 있다. "창조주에 의해"를 삽입한 것은 1860년 말에 나온 2판, 490쪽에서 볼 수 있다.

찰스 킹즐리의 동화에서 인용한 부분은 Charles Kingsley, *The Water Babies*(1863), 7장, 315쪽에 나온다. 웹사이트 PG에서 볼 수 있다.

『종의 기원』에 대한 새뮤얼 윌버포스의 서평은 〈쿼털리 리뷰〉 108호(1860), 225~264쪽에 처음 발표되었다. 인용한 부분은 231쪽과 259~260쪽에 있다. 웹사이트 CWCD에서 볼 수 있다.

1869년의 옥스퍼드 논쟁에 대한 헉슬리와 여타 사람들의 회상과 관련해서는 Frank James, 'An "Open Clash between Science and the Church"? Wilberforce, Huxley and Hooker on Darwin at the British Association, Oxford, 1860', in *Science and Beliefs: From Natural Philosophy to Natural Science, 1700-1900*, ed. D. Knight and M. Eddy(Aldershot, 2005), 171~193쪽을 보라. 본문에 인용한 헉슬리의 말은 185쪽에 나온다. 또한 Leonard Huxley, *The Life and Letters of Thomas Henry Huxley*, 2 vols(London, 1900)도 보라. 웹사이트 HF의 '20th Century Commentary'에서 일부를 볼 수 있다.

2005년 4월 20일 일요일에 열린 취임 미사에서 교황 베네딕토 16세가 한 설교의 원문은 'Papal Archive' at 'Vatican: The Holy See': http://www.vatican.va/에서 볼 수 있다.

제5장

'지적설계'에 대한 미국과학진흥협회(AAAS)의 진술은 2002년 10월에 협회 이사회에서 승인받았다. 협회 웹사이트에 보관된 2002년 11월 6일자 보도자료를 통해 전문을 볼 수 있다. 이와 관련한 '반진화법'에 대한 AAAS의 보도자료와 진술은 2006년 2월 19일자에서 볼 수 있다. http://www.aaas.org/news/

2005년 도버 사건에 대한 존 E. 존스 판사의 판결문 전문은 펜실베이니아 중부 관할 연방 지방법원의 웹사이트에서 볼 수 있다. http://www.pamd.uscourts.gov/kitzmiller/kitzmiller_342.pdf

조지 코인의 발언은 'Intelligent Design belittles God, Vatican director says' by Mark Lombard, *Catholic Online*, 30 January 2006를 보라. http://www.catholic.org/

테네시 주가 1925년에 통과시킨 반진화법령은 Edward J. Larson, *Summer for the Gods: The Scopes Trial and America's Continuing Debate over Science and Religion*『신들을 위한 여름』(Cambridge, MA, 1997), 50쪽에 인용되어 있다. 법령 전문을 웹사이트 FT에서 볼 수 있다.

"'포유류'라는 작은 원"에 대한 브라이언의 발언은 스코프스 재판에서 그가 기소자측 최후 변론으로 배심원단에게 하려던 연설에서 나온 말이다. 대로가 변론 없이 배심원단의 즉각적인 평결을 요구하면서 브라이언이 그 연설을 할 기회가 무산되었다. 이 연설은 William Jennings Bryan and Mary Baird Bryan, *The Memoirs of William Jennings Bryan*(Philadelphia, 1925)에 부록으로 포함되어 있다. 인용한 부분은 535쪽에 있다.

인용한 『창세기』 구절은 1장 26절이다.

브라이언에 대한 대로의 반대 심문을 포함한 스코프스 재판 기록의 발췌본은 웹사이트 FT에서 볼 수 있다.

토머스 제퍼슨의 유명한 말인 "교회와 국가를 분리하는 벽(a wall of separation between Church and state)"은 제퍼슨이 1802년 1월 1일에 댄버리 침례교도협회에 보낸 편지에서 사용되었다. 편지의 전문과 편지의 복원에 대한 기사를 미국의회도서관 웹사이트 http://www.loc.gov/loc/lcib/9806/danbury.html에서 볼 수 있다.

애퍼슨 대 아칸소 주 사건(1968)과 에드워즈(Edwards) 대 아귈라드(Aguilard) 사건(1987)에 대한 미국 대법원의 의견은 코넬 대학교 로스쿨 웹사이트의 'Supreme Court Collection'에서 볼 수 있다. http://www.law.cornell.edu/supct/index.html

교육위원회 선거에 대한 브라이언의 견해는 1925년에 쓰인 「누가 통제할 것인가Who shall control?」라는 제목의 성명서에 적혀 있었고, William Jennings Bryan and Mary Baird Bryan, *The Memoirs of William Jennings Bryan*(Philadelphia, 1925), 526~528쪽에 부록으로 포함되었다.

매클레인 대 아칸소 주 사건(1982)에서 지방법원 판사 윌리엄 R. 오버튼의 판결은 Langdon Gilkey, *Creationism on Trial: Evolution and God at Little Rock*(Charlottesville, 1998)에 부록으로 포함되어 있다. 인용한 부분은 295쪽에 있다. 오버튼 판사의 판결은 웹사이트 'TalkOrigins Archive. Exploring the Creation/ Evolution Controversy'에서 볼 수 있다. http://www.talkorigins.org/faqs/mclean-v-arkansas.html

『판다와 사람』의 서지 사항은 다음과 같다. Percival W. Davis, Dean H. Kenyon, and Charles B. Thaxton, *Of Pandas and People: The Central Question of Biological Origins*, 2nd edition(Dallas, 1993).

제6장

퍼싱어의 '하느님 헬멧'에 대해서는 David Biello, 'Searching for God in the Brain', *Scientific American Mind*, October 2007를 보라. 웹사이트 http://www.sciam.com/에서 볼 수 있다.

마리오 뷰리가드와 뱅상 파케트의 카르멜회 수녀들에 대한 연구는 Mario Beauregard and Vincent Paquette, 'Neural Correlates of a

Mystical Experience in Carmelite Nuns', *Neuroscience Letters*, vol. 405, issue 3, 25 September 2006, 186~190쪽이다. 2006년 8월 30일자 〈데일리 텔레그래프〉 12면에 '수녀들은 신이 마음이 꾸며낸 산물이 아님을 증명했다(Nuns Prove God Is Not Figment of the Mind)'라는 제목으로 보도되었다. 웹사이트 http://www.telegraph.co.uk/에서 볼 수 있다.

"너는, 흙에서 난 몸이니 흙으로 돌아가기까지……"는 『창세기』 3장 19절, "사람의 운명은 짐승과 다를 바 없어……"는 『전도서』 3장 19~20절, 바울의 서한은 『고린도전서』 15장.

「사도신경」「니케아신경」「아타나시오스신경」에 대해서는 Peter van Inwagen, 'Dualism and Materialism: Athens and Jerusalem?', in *Christian Philosophy and the Mind-Body Problem: Faith and Philosophy*, ed. W. Hasker, vol. 12, no. 4(1995), 475~488쪽을 보라. 인용한 부분은 478쪽에 있다.

조지 엘리엇의 『미들마치』의 인용은 Rosemary Ashton의 서문과 주석이 있는 판인 George Eliot, *Middlemarch*(London, 1994), 838쪽에서 가져왔다. 이 소설은 1871~72년에 처음 출판되었다. 버지니아 대학교 도서관 웹사이트 'Electronic Text Center'에서 볼 수 있다. http://etext.lib.virginia.edu/ebooks/

우디 앨런의 말은 Eric Lax, *Woody Allen: A Biography*(New York, 1992),

183쪽에서 가져왔다.

아이작 와츠의 시는 Isaac Watts, *Divine and Moral Songs for Children*(New York, 1866), 47~48쪽에서 볼 수 있다. *Divine Songs*(1715)로 처음 출판되었고, 웹사이트 CCEL에서 볼 수 있다.

"내일 죽으리니 먹고 마시자"는『고린도전서』15장 32절이다.『전도서』8장 15절,『이사야서』22장 13절,『누가복음』12장 19~20절도 보라.

이타심에 대한 프랜시스 콜린스의 견해는 *The Language of God: A Scientist Presents Evidence for Belief*(New York, 2006), 21~31쪽을 보라.

이타심에 대한 리처드 도킨스의 견해는 The Selfish Gene〔『이기적 유전자』〕, new edition(Oxford, 1989)(인용한 부분은 3쪽과 200~201쪽)과 *The God Delusion*〔『만들어진 신』〕(London, 2006), 214~222쪽을 보라.

소돔과 고모라 이야기는『창세기』18장 16절부터 19장 29절까지 나온다.

오난 이야기는『창세기』38장 1~10절에 나온다.

부유한 젊은 남자 이야기는『마가복음』10장 17~31절에 나온다.

독서안내

일반 자료

참고도서

Philip Clayton and Zachary Simpson (eds), *The Oxford Handbook of Religion and Science* (Oxford and New York, 2006).

Gary B. Ferngren (ed.), *The History of Science and Religion in the Western Tradition: An Encyclopedia* (New York and London, 2000).

J. Wentzel van Huyssteen (ed.), *Encyclopedia of Science and Religion*, 2 vols (New York, 2003).

역사연구

John Hedley Brooke, *Science and Religion: Some Historical Perspectives* (Cambridge, 1991).

John Brooke and Geoffrey Cantor, *Reconstructing Nature: The Engagement of Science and Religion* (Edinburgh, 1998).

Gary B. Ferngren (ed.), *Science and Religion: A Historical Introduction* (Baltimore, 2002).

Peter Harrison, *The Bible, Protestantism, and the Rise of Natural Science* (Cambridge, 1998).

David Knight and Matthew Eddy (eds), *Science and Beliefs: From Natural Philosophy to Natural Science* (Aldershot, 2005).

David C. Lindberg and Ronald L. Numbers (eds), *God and Nature: Historical Essays on the Encounter between Christianity and Science* (Berkeley, 1986)〔이정배 · 박우석 옮김, 『신과 자연』, 이화여자대학교출판부, 1998〕, and *When Science and Christianity Meet* (Chicago and

London, 2003).

Don O'Leary, *Roman Catholicism and Modern Science: A History* (New York, 2006).

기독교 관점의 개관

Ian Barbour, *Religion and Science: Historical and Contemporary Issues* (San Francisco, 1997).

Alister E. McGrath, *Science and Religion: An Introduction* (Oxford, 1998).

Arthur Peacocke, *Creation and the World of Science: The Reshaping of Belief*, revised edition (Oxford and New York, 2004).

John Polkinghorne, *Theology and Science: An Introduction* (London, 1998).

이슬람교와 이슬람 과학

Karen Armstrong, *Islam: A Short History* (London, 2001)〔장병옥 옮김, 『이슬람』, 을유문화사, 2012〕.

Michael Cook, *The Koran: A Very Short Introduction* (Oxford, 2000)〔이강훈 옮김, 『코란이란 무엇인가』, 동문선, 2003〕.

Muzaffar Iqbal, *Islam and Science* (Aldershot, 2002)과 *Science and Islam* (Westport, 2007).

Seyyed Hossein Nasr, *Science and Civilisation in Islam*, 2nd edition (Cambridge, 1987).

Malise Ruthven, *Islam: A Very Short Introduction* (Oxford, 1997).

George Saliba, *Islamic Science and the Making of the European Renaissance* (Cambridge, MA, 2007).

유대교와 과학

Geoffrey Cantor, *Quakers, Jews, and Science: Religious Responses to Modernity and the Sciences in Britain, 1650-1900* (Oxford and New York, 2005).

Geoffrey Cantor and Marc Swelitz (eds), *Jewish Tradition and the Challenge of Darwinism* (Chicago, 2006).

Noah J. Efron, *Judaism and Science: A Historical Introduction* (Westport, 2007).

국제적 관점

Fraser Watts and Kevin Dutton (eds), *Why the Science and Religion Dialogue Matters: Voices from the International Society for Science and Religion* (Philadelphia and London, 2006).

웹사이트

American Assocation for the Advancement of Science: http://www.aaas.org/

Center for Islam and Science: http://www.cis-ca.org/

Center for Theology and the Natural Sciences: http://www.ctns.org/

International Society for Science and Religion: http://www.issr.org.uk/

John Templeton Foundation: http://www.templeton.org/

Metanexus Institute on Religion, Science, and the Humanities: http://www.metanexus.net/

National Center for Science Education: http://www.natcenscied.org/

Stanford Encyclopedia of Philosophy: http://plato.stanford.edu/

TalkOrigins Archive: Exploring the Evolution/Creation Controversy: http://www.talkorigins.org/

제1장

종교적 믿음과 근대과학의 탄생

Peter Dear, *Revolutionizing the Sciences: European Knowledge and its Ambitions, 1500-1700* (Basingstoke, 2001) 〔정원 옮김, 『과학혁명』, 뿌리와이파리, 2001〕.

Rob Iliffe, *Newton: A Very Short Introduction* (Oxford, 2007).

Steven Shapin, *The Scientific Revolution* (Chicago, 1996) 〔한영덕 옮김, 『과학혁명』, 영림카디널, 2003〕.

독실한 과학자들이 쓴 책

Francis Collins, *The Language of God: A Scientist Presents Evidence for Belief* (New York, 2006) 〔이창신 옮김, 『신의 언어』, 김영사, 2009〕.

Guy Consolmagno, *God's Mechanics: How Scientists and Engineers Make Sense of Religion* (San Francisco, 2007).

Owen Gingerich, *God's Universe* (Cambridge, MA, 2006).

John Polkinghorne, *Belief in God in an Age of Science* (New Haven, 1998).

토머스 페인

Thomas Paine, *Political Writings*, ed. Bruce Kuklick (Cambridge, 1989). 페인의 주요 작품들은 웹사이트 TP에서 볼 수 있다.

Gregory Claeys, *Thomas Paine: Social and Political Thought* (Boston and London, 1989).

John Keane, *Tom Paine: A Political Life* (London, 1996).

과학과 무신론

Richard Dawkins, *The Blind Watchmaker*〔이용철 옮김, 『눈먼 시계

공』, 사이언스북스, 2004〕, revised edition (London, 1991)과 *The God Delusion* (London, 2006) 〔이한음 옮김, 『만들어진 신』, 김영사, 2007〕.

Christopher Hitchens, *God is Not Great: The Case Against Religion* (London, 2007) 〔김승욱 옮김, 『신은 위대하지 않다』, 알마, 2011〕.

Victor J. Stenger, *God: The Failed Hypothesis. How Science Shows that God Does Not Exist* (Amherst, 2007).

자연신학

John Brooke and Geoffrey Cantor, *Reconstructing Nature: The Engagement of Science and Religion* (Edinburgh, 1998).

William Paley, *Natural Theology, or Evidence of the Existence and Attributes of the Deity, Collected from the Appearances of Nature*, edited with an introduction and notes by Matthew D. Eddy and David Knight (Oxford and New York, 2006). 1802년에 처음 출판됨.

제2장

과학철학

A. F. Chalmers, *What Is This Thing Called Science?*, 3rd edition (Buckingham, 1999).

Peter Godfrey-Smith, *Theory and Reality: An Introduction to the Philosophy of Science* (Chicago, 2003).

Samir Okasha, *Philosophy of Science: A Very Short Introduction* (Oxford, 2002).

신학적 관점의 과학철학

Philip Clayton, *Explanation from Physics to Theology: An Essay in Rationality and Religion* (New Haven, 1989).

Christopher Knight, *Wrestling with the Divine: Religion, Science, and Revelation* (Minneapolis, 2001).

갈릴레이와 교회

John Brooke and Geoffrey Cantor, *Reconstructing Nature: The Engagement of Science and Religion* (Edinburgh, 1998), Chapter 4.

David C. Lindberg, 'Galileo, the Church, and the Cosmos', in *When Science and Christianity Meet*, ed. David C. Lindberg and Ronald L. Numbers (Chicago and London, 2003), pp. 33-60.

Peter Machamer (ed.), *The Cambridge Companion to Galileo* (Cambridge, 1998).

Stephen Mason, 'Galileo's Scientific Discoveries, Cosmological Confrontations, and the Aftermath', *History of Science*, 40 (2002), pp. 377-406.

Ernan McMullin (ed.), *The Church and Galileo* (Notre Dame, 2005).

실재론, 철학, 과학

Ian Hacking, *Representing and Intervening* (Cambridge, 1983) 〔이상원 옮김, 『표상하기와 개입하기』, 한울아카데미, 2016〕.

Thomas Kuhn, *The Structure of Scientific Revolutions*, 3rd edition (Chicago and London, 1996); first published 1962 〔김명자·홍성욱 옮김, 『과학혁명의 구조』, 까치, 2003〕.

Peter Lipton, *Inference to the Best Explanation*, 2nd edition (London, 2004).

Richard Rorty, *Philosophy and Social Hope* (London, 1999).

Bas van Fraassen, *The Scientific Image* (Oxford, 1980).

실재론과 신학

Colin Crowder (ed.), *God and Reality: Essays on Christian Non-Realism* (London, 1997).

Don Cupitt, *Taking Leave of God* (London, 1980).

Michael Scott and Andrew Moore (eds), *Realism and Religion: Philosophical and Theological Perspectives* (Aldershot, 2007).

Janet Soskice, *Metaphor and Religious Language* (Oxford, 1985).

제3장

루르드

Ruth Harris, *Lourdes: Body and Spirit in the Secular Age* (London, 1999).

기적의 철학

David Corner, *The Philosophy of Miracles* (London, 2007).

Mark Corner, *Signs of God: Miracles and Their Interpretation* (Aldershot, 2005).

기적을 대하는 태도의 역사

Robert B. Mullin, *Miracles and the Modern Religious Imagination* (New Haven and London, 1996).

Jane Shaw, *Miracles in Enlightenment England* (New Haven and London, 2006).

기적에 대한 흄의 견해

John Earman, *Hume's Abject Failure: The Argument Against Miracles* (New York, 2000).

Robert J. Fogelin, *A Defense of Hume on Miracles* (Princeton, 2003).

신과 물리학

Philip Clayton, *God and Contemporary Science* (Edinburgh, 1997).

Paul Davies, *The Mind of God: Science and the Search for Ultimate Meaning* (London, 1992).

Willem B. Drees, *Beyond the Big Bang: Quantum Cosmologies and God* (La Salle, 1990).

John Polkinghorne, *The Faith of a Physicist* (Princeton, 1994), *Science and Christian Belief* (London, 1994)으로도 출판되었다.

Nicholas Saunders, *Divine Action and Modern Science* (Cambridge, 2002).

자연법칙

Nancy Cartwright, *How the Laws of Physics Lie* (Oxford, 1983)과 *The Dappled World: A Study of the Boundaries of Science* (Cambridge, 1999).

John Dupré, *The Disorder of Things: Metaphysical Foundations of the Disunity of Science* (Cambridge, MA, 1993).

Bas van Fraassen, *Laws and Symmetry* (Oxford, 1989).

양자물리학

George Johnson, *Fire in the Mind: Science, Faith, and the Search for Order* (New York, 1995), Chapters 5 and 6.

John Polkinghorne, *Quantum Theory: A Very Short Introduction* (Oxford, 2002)와 *Quantum Physics and Theology: An Unexpected Kinship* (London, 2007). 〔현우식 옮김, 『양자물리학 그리고 기독교신학』, 연세대학교출판부, 2009〕

우주의 미세조정

Paul Davies, *The Goldilocks Enigma: Why is the Universe Just Right for Life?* (London and New York, 2006).

Rodney D. Holder, *God, the Multiverse, and Everything: Modern Cosmology and the Argument from Design* (Aldershot, 2004).

제4장

찰스 다윈의 전기

Janet Browne, *Darwin: A Biography*, 2 vols (London, 1995, 2002).

Charles Darwin, *The Autobiography of Charles Darwin*, ed. Nora Barlow (London, 1958) 〔이한중 옮김, 『나의 삶은 천천히 진화해왔다』, 갈라파고스, 2003〕. 웹사이트 CWCD에서 볼 수 있다.

Adrian Desmond and James Moore, *Darwin* (London, 1991) 〔김명주 옮김, 『다윈 평전』, 뿌리와이파리, 2009〕.

Adrian Desmond, James Moore, and Janet Browne, *Charles Darwin* (Oxford, 2007).

생물학의 역사

Peter J. Bowler, Evolution: *The History of an Idea*, 3rd edition (Berkeley and London, 2003)과 *The Eclipse of Darwinism: Anti-Darwinian Evolution Theories in the Decades around 1900*, new edition (Baltimore, 1992).

Jim Endersby, *A Guinea Pig's History of Biology: The Plants and Animals Who Taught Us the Facts of Life* (London, 2007).

다윈주의와 종교

Craig Baxter, *Re: Design, An Adaptation of the Correspondence of*

Charles Darwin, Asa Gray and Others (2007). 극화한 버전이 있는데, 그 스크립트를 웹사이트 DCP에서 볼 수 있다.

Peter J. Bowler, *Monkey Trials and Gorilla Sermons: Evolution and Christianity from Darwin to Intelligent Design* (Cambridge, MA and London, 2007).

John Hedley Brooke, *Science and Religion: Some Historical Perspectives* (Cambridge, 1991), Chapter 8; and 'Darwin and Victorian Christianity', in *The Cambridge Companion to Darwin*, ed. Jonathan Hodge and Gregory Radick (Cambridge, 2003), pp. 192–213.

James Moore, *The Post-Darwinian Controversies: A Study of the Protestant Struggle to Come to Terms with Darwin in Great Britain and America, 1870-1900* (Cambridge, 1979)와 *The Darwin Legend* (Grand Rapids, 1994).

Michael Ruse, *Darwin and Design: Does Evolution Have a Purpose?* (Cambridge, MA, 2003).

토머스 헉슬리와 빅토리아 시대의 과학

Adrian Desmond, *Huxley: From Devil's Disciple to Evolution's High Priest* (London, 1998).

Frank James, 'An "Open Clash between Science and the Church"? Wilberforce, Huxley and Hooker on Darwin at the British Association, Oxford, 1860', in *Science and Beliefs: From Natural Philosophy to Natural Science, 1700-1900*, ed. D. Knight and M. Eddy (Aldershot, 2005), pp. 171–93.

Bernard Lightman (ed.), *Victorian Science in Context* (Chicago, 1997).

Frank M. Turner, *Contesting Cultural Authority: Essays in Victorian Intellectual Life* (Cambridge, 1993).

Paul White, *Thomas Huxley: Making the 'Man of Science'* (Cambridge, 2003).

신학과 진화

Geoffrey Cantor and Marc Swelitz (eds), *Jewish Tradition and the Challenge of Darwinism* (Chicago, 2006).

John F. Haught, *God After Darwin: A Theology of Evolution* (Boulder and Oxford, 2000).

Nancey Murphy and William R. Stoeger, SJ (eds), *Evolution and Emergence: Systems, Organisms, Persons* (Oxford, 2007).

Arthur Peacocke, *Theology for a Scientific Age: Being and Becoming Natural, Divine, and Human, enlarged edition* (Minneapolis and London, 1993).

Michael Ruse, *Can a Darwinian Be a Christian? The Relationship between Science and Religion* (Cambridge and New York, 2001).

Pierre Teilhard de Chardin, *The Phenomenon of Man*, with an introduction by Sir Julian Huxley, revised edition (London and New York, 1975). 1955년에 프랑스에서 처음 출판되었다.

제5장

개관

Eugenie C. Scott, *Evolution versus Creationism: An Introduction* (Westport, 2004).

스코프스 재판

Edward J. Larson, *Summer for the Gods: The Scopes Trial and America's Continuing Debate over Science and Religion* (New York,

1997) 〔한유정 옮김, 『신들을 위한 여름』, 글항아리, 2014〕.

미국의 근본주의와 창조론

George Marsden, *Fundamentalism and American Culture*, 2nd edition (New York and Oxford, 2006).

Dorothy Nelkin, *The Creation Controversy: Science or Scripture in the Schools?* (New York, 1982).

Ronald L. Numbers, *The Creationists: From Scientific Creationism to Intelligent Design*, expanded edition (Cambridge, MA and London, 2006).

Christopher P. Toumey, *God's Own Scientists: Creationists in a Secular World* (New Brunswick, 1994).

법적 측면

Langdon Gilkey, *Creationism on Trial: Evolution and God at Little Rock* (Charlottesville, 1998).

Philip A. Italiano, 'Kitzmiller v. Dover Area School District: The First Judicial Test for Intelligent Design', *Rutgers Journal of Law and Religion*, vol. 8.1, Fall 2006. 웹사이트 RJLR에서 볼 수 있다.

Marcel La Follette (ed.), *Creationism, Science, and the Law: The Arkansas Case* (Cambridge, MA, 1983).

Edward J. Larson, *Trial and Error: The American Controversy over Creation and Evolution*, 3rd edition (New York and Oxford, 2003).

Stephen A. Newman, 'Evolution and the Holy Ghost of Scopes: Can Science Lose the Next Round?', *Rutgers Journal of Law and Religion*, vol. 8.2, Spring 2007. 웹사이트 RJLR에서 볼 수 있다.

지적 설계와 그에 대한 비판

Michael J. Behe, *Darwin's Black Box: The Biochemical Challenge to Evolution* (New York, 1996)과 *The Edge of Evolution: The Search for the Limits of Darwinism* (New York, 2007).

William Dembski and Michael Ruse (eds), *Debating Design: From Darwin to DNA* (Cambridge, 2004).

Kenneth R. Miller, *Finding Darwin's God: A Scientist's Search for Common Ground between God and Evolution* (New York, 1999).

Randy Olson (작가이자 감독), *Flock of Dodos: The Evolution- Intelligent Design Circus* (Prairie Starfish Productions and G-7 Animation, documentary film, 2006).

Robert T. Pennock (ed.), *Intelligent Design Creationism and Its Critics: Philosophical, Theological, and Scientific Perspectives* (Cambridge, MA, 2001).

철학적 관점

David Hull and Michael Ruse (eds), *The Philosohpy of Biology* (Oxford, 1998), Part X.

Michael Ruse (ed.), *But Is It Science? The Philosophical Question in the Creation/Evolution Controversy* (Amherst, 1996).

Sahotra Sarkar, *Doubting Darwin? Creationist Designs on Evolution* (Malden and Oxford, 2007).

제6장

뇌와 마음

Antonio Damasio, *Descartes' Error: Emotion, Reason, and the Human*

Brain, revised edition (London, 2006) 〔김린 옮김, 『데카르트의 오류』, 중앙문화사, 1999〕.

John Searle, *Mind: A Brief Introduction* (Oxford, 2004).

신경과학, 심리학, 종교

C. Daniel Batson, Patricia Schoenrade, and W. Larry Ventis, *Religion and the Individual: A Social-Psychological Perspective* (New York and Oxford, 1993).

Warren S. Brown, Nancey Murphy, and H. Newton Malony, *Whatever Happened to the Soul? Scientific and Theological Portraits of Human Nature* (Minneapolis, 1998).

William James, *The Varieties of Religious Experience: A Study in Human Nature*, centenary edition with introductions by Eugene Taylor and Jeremy Carrette (London and New York, 2002) 〔김재영 옮김, 『종교적 경험의 다양성』, 한길사, 2000〕. 1902년에 처음 출판되었다.

Andrew Newberg, Eugene d'Aquili, and Vince Rause, *Why God Won't Go Away: Brain Science and the Biology of Belief* (New York, 2002).

Fraser Watts, *Theology and Psychology* (Aldershot, 2002).

인지과학과 종교의 인류학

Scott Atran, *In Gods We Trust: The Evolutionary Landscape of Religion* (London and New York, 2002).

Pascal Boyer, *Religion Explained: The Human Instincts that Fashion Gods, Spirits and Ancestors* (London, 2001) 〔이창익 옮김, 『종교, 설명하기』, 동녘사이언스, 2015〕.

Steven Mithen, *The Prehistory of the Mind: The Search for the Origins of Art, Religion and Science* (London, 1996).

Wentzel van Huyssteen, *Alone in the World? Human Uniqueness in Science and Theology: The Gifford Lectures* (Grand Rapids, 2006).

진화와 윤리

Stephen R. L. Clark, *Biology and Christian Ethics* (Cambridge, 2000).

Daniel C. Dennett, *Darwin's Dangerous Idea: Evolution and the Meanings of Life* (London and New York, 1995).

Frans de Waal, *Primates and Philosophers: How Morality Evolved* (Princeton and Oxford, 2006).

Thomas Huxley, *Evolution and Ethics, and Other Essays*, in *Collected Essays* (London, 1893–4), vol. 9. 웹사이트 HF에서 볼 수 있다.

Mary Midgley, Beast and Man: *The Roots of Human Nature*, new edition (London and New York, 1995).

Matt Ridley, *The Origins of Virtue* (London, 1996).

이타심과 이기심

Richard Dawkins, *The Selfish Gene* (New York and Oxford, 1976) 〔홍영남·이상익 옮김, 『이기적 유전자』, 을유문화사, 2010〕. 1989년 개정판과, 2006년에 저자의 새로운 서문과 함께 출판된 30주년 기념판도 있다.

Thomas Dixon, *The Invention of Altruism: Making Moral Meanings in Victorian Britain* (Oxford, 2008).

Stephen G. Post, Lynn G. Underwood, Jeffrey P. Schloss, and William B. Hurlbut (eds), *Altruism and Altruistic Love: Science, Philosophy and Religion in Dialogue* (Oxford and New York, 2002).

Eliott Sober and David Sloan Wilson, *Unto Others: The Evolution and Psychology of Unselfish Behavior* (Cambridge, MA and London, 1998).

이상異常과 성

Thomas Laqueur, *Solitary Sex: A Cultural History of Masturbation* (New York, 2003).

Roy Porter and Lesley Hall, *The Facts of Life: The Creation of Sexual Knowledge in Britain, 1650-1950* (New Haven, 1995).

Jeffrey Weeks, *Sex, Politics and Society: The Regulation of Sexuality since 1800*, 2nd edition (London, 1989)과 *Coming Out: Homosexual Politics in Britain from the Nineteenth Century to the Present*, revised edition (London, 1990).

무어와 자연주의적 오류

Alasdair MacIntyre, *After Virtue: A Study in Moral Theory*, 2nd edition (Notre Dame, 1984).

G. E. Moore, *Principia Ethica*, edited with an introduction by Thomas Baldwin (Cambridge, 1993). 1903년에 처음 출판되었다.

과학과 미래

Stephen R. L. Clark, *How to Live Forever: Science Fiction and Philosophy* (London and New York, 1995).

Mary Midgley, *Science as Salvation: A Modern Myth and Its Meaning* (London and New York, 1992)와 *Evolution as a Religion: Strange Hopes and Stranger Fears*, revised edition (London and New York, 2002).

John Polkinghorne and Michael Welker (eds), *The End of the World and the Ends of God: Science and Theology on Eschatology* (Harrisburg, 2000) 〔신준호 옮김, 『종말론에 관한 과학과 신학의 대화』, 대한기독교서회, 2002〕.

역자 후기

'과학과 종교'라고 말할 때 흔히 떠올리게 되는 고정관념이 있다. 대략적으로 스케치하면 '영웅적이고 공정한 과학자와 반동적이고 편협한 교회의 충돌'일 것이다. 이 작은 책에서 저자가 시도하는 것은 이 고정관념을 타파하는 것도, 바람직한 대안적 관계를 제시하는 것도 아니다. 단지 한 걸음 물러서서 왜 과학과 종교의 관계가 그렇게 되었는지 역사적·철학적으로 분석하고, 이 고정관념을 걷어낼 때 드러나는 갈등의 본질을 사회적·정치적으로 분석하는 것이다.

이러한 분석은 크게 세 가지 차원으로 전개된다. 첫째는 개인의 마음속에서 충돌하는 과학과 종교다. 이때는 과학과 종교의 양립 가능성이 가장 큰 쟁점이 된다. 창조론과 진화론이

격돌하고, 영혼과 내세 또는 도덕적 책임의 문제가 신경과학과 갈등을 빚는다. 또한 기적과 자연법칙, 자유의지와 결정론이 맞부딪힌다. 이 가운데 결정론 논쟁은 양자역학이라는 학문으로 최근 새로운 국면에 들어섰다. 둘째는 지식의 정치학이라는 차원이다. 이때 과학과 종교의 갈등은 개인 대 국가, 세속적 자유주의 대 보수적 전통주의 같은 정치적 갈등으로 보이기 시작한다. 갈릴레이의 종교재판에서도, 다윈의 진화론을 둘러싼 당대의 논쟁에서도, 오늘날 지적설계론을 둘러싼 미국 사회의 법정 공방에서도 이러한 정치적 갈등을 포착할 수 있다. 셋째는 과학과 종교를 하나의 학문 분야로서 조망하는 것이다. 우리가 '과학과 종교'라고 할 때 떠올리는 선명한 문화적 고정관념이 있다는 것 자체가 이러한 학문의 존재 가치를 확인시켜준다.

이 주제에 대한 논쟁은 대개 감정적으로 흐른다. 한편으로는 종교가 있든 없든 누구도 피해갈 수 없는 중요하고 본질적인 문제이기 때문일 것이고, 다른 한편으로는 선입관과 오해가 갈등의 진정한 쟁점을 가리기 때문일 것이다. 현실세계에 존재하는 개인들, 이념들, 제도들 사이의 관계가 그러하듯, 과학과 종교 사이에 불변하는 단 하나의 관계는 존재하지 않았다. 과학과 종교 사이에 갈등은 분명히 있어왔지만, 이러한 갈등 스토리의 플롯과 등장인물은 복잡하고 다층적이다. 이 책을 길잡이 삼는다면, 밤하늘을 올려다보며 우주 만물의 원리를 탐구하는 사람들과 영적인 느낌을 갖는 사람들이 만나 더욱 생산적이고 유익한 논의를 나눌 수 있을 것이다.

독서안내

국내에 소개된 책들 가운데 함께 읽어보면 좋을 만한 참고문헌을 몇 가지 소개한다. 우선 과학과 종교의 충돌에서 가장 많이 등장하는 과학자인 갈릴레이와 다윈에 대한 평전을 읽어보면 당대의 분위기를 느끼는 데 도움이 될 것이다. 한편, 오늘날의 갈등의 진원지는 '지적설계론'이라고 할 수 있을 텐데, 이 문제에 대한 흥미로운 논증들을 『왜 종교는 과학이 되려 하는가』(바다출판사)를 통해 만나볼 수 있다.

종교를 비판하는 논객들의 저작이 많이 있는데, 그중 리처드 도킨스의 『만들어진 신』(김영사)은 과학적인 논증들을 통해 신이 없음을 입증하는 대표적인 책이다.

그 밖에 '자유의지'나 '과학과 도덕'의 문제를 다룬 책을 통해 과학이 종교적 믿음과 어느 지점에서 맞부딪히는지 좀더 깊이 이해할 수 있을 것이다. 샘 해리스의 『자유 의지는 없다』(시공사), 대니얼 데닛의 『자유는 진화한다』(동녘사이언스), 스티븐 핑커의 『빈 서판』(사이언스북스), 에이드리언 레인의 『폭력의 해부』(흐름출판) 등을 추천한다.

국내의 과학과 종교 진영을 대표하는 논객들이 주고받은 편지를 엮은 책인 『종교전쟁』(사이언스북스)은 먼 과거나 먼 나라의 이야기가 아니라 지금 여기의 문제로서 이 문제에 접근하는 데 도움이 될 것이다.

도판 목록

과학과 종교

SCIENCE AND RELIGION

초판 1쇄 발행 2017년 1월 20일
초판 2쇄 발행 2023년 2월 1일

지은이 토머스 딕슨
옮긴이 김명주

편집 최연희 장영선 김윤하
디자인 강혜림
저작권 박지영 형소진 이영은 김하림
마케팅 김선진 배희주
브랜딩 함유지 함근아 김희숙 박민재 박진희 정승민
제작 강신은 김동욱 임현식
제작처 한영문화사(인쇄) 한영제책사(제본)

펴낸곳 (주)교유당 **펴낸이** 신정민
출판등록 2019년 5월 24일 제406-2019-000052호
주소 10881 경기도 파주시 회동길 210
전자우편 gyoyudang@munhak.com
문의전화 031.955.8891(마케팅)
031.955.2680(편집)
031.955.8855(팩스)

페이스북 @gyoyubooks
트위터 @gyoyu_books **인스타그램** @gyoyu_books

ISBN 978-89-546-4413-6 03400

- 교유서가는 (주)교유당의 인문 브랜드입니다.